과학공화국 화학법정

1
화학의 기초

과학공화국 화학법정 1

화학의 기초

ⓒ 정완상, 2005

초판 1쇄 발행일 | 2005년 2월 25일
초판 31쇄 발행일 | 2022년 1월 12일

지은이 | 정완상
펴낸이 | 정은영
펴낸곳 | (주)자음과모음

출판등록 | 2001년 11월 28일 제2001-000259호
주소 | 10881 경기도 파주시 회동길 325-20
전화 | 편집부 (02)324-2347 경영지원부 (02)325-6047
팩스 | 편집부 (02)324-2348 경영지원부 (02)2648-1311
e-mail | jamoteen@jamobook.com

ISBN 978-89-544-0324-7 (03420)

과학공화국 화학법정

화학법정

정완상(국립 경상대학교 교수) 지음

1

화학의 기초

|주|자음과모음

생활 속에서 배우는
기상천외한 과학 수업

화학과 법정, 이 두 가지는 전혀 어울리지 않는 소재입니다. 그리고 여러분에게 제일 어렵게 느껴지는 말들이기도 하지요. 그럼에도 불구하고 이 책의 제목에는 분명 '화학법정'이라는 말이 들어 있습니다. 그렇다고 이 책의 내용이 아주 어려울 거라고는 생각하지 마세요. 저는 법률과는 무관한 기초과학을 공부하는 사람입니다. 그런데도 법정이라고 제목을 붙인 데에는 이유가 있습니다.

또한 독자들은 왜 물리학 교수가 화학과 관련된 책을 쓰는지 궁금해할지도 모릅니다. 하지만 저는 대학과 KAIST 시절 동안 과외를 통해 화학을 가르쳤습니다. 그러면서 어린이들이 화학의 기본 개념을 잘 이해하지 못해 화학에 대한 자신감을 잃었다는 것을 알았습니다. 그리고 또 중·고등학교에서 화학을 잘하려면 초등학교 때부터 화학의 기초가 잡혀있어야 한다는 것을 알게 되었습니다. 이 책은 주 대상이 초등학생입니다. 그리고 많은 내용을 초등학교 과정에서 발췌하였습니다.

그럼 왜 화학 얘기를 하는데 법정이라는 말을 썼을까요? 그것은 최근에 〈솔로몬의 선택〉을 비롯한 많은 텔레비전 프로에서 재미있는 사건을 소개하면서 우리에게 법률에 대한 지식을 쉽게 알려주기 때문입니다.

그래서 화학의 개념을 딱딱하지 않게 어린이들에게 소개하고자 법정을 통한 재판 과정을 도입하였습니다. 물론 첫 시도이기 때문에 어색한 점도 있지만 독자들이 아주 쉽게 화학의 기본개념을 정복할 수 있을 것이라고 생각합니다.

여러분은 이 책을 재미있게 읽으면서 생활 속에서 화학을 쉽게 적용할 수 있을 것입니다. 그러니까 이 책은 화학을 왜 공부해야 하는가를 알려준다고 볼 수 있지요.

화학은 가장 논리적인 학문입니다. 그러므로 화학법정의 재판 과정을 통해 여러분은 화학의 논리와 화학의 정확성을 알게 될 것입니다.

이 책을 통해 어렵다고만 생각했던 화학이 쉽고 재미있다는 걸 느낄 수 있길 바랍니다.

물론 이 책은 초등학교 대상이지만 만일 기회가 닿으면 중·고등학교 수준의 좀 더 일상생활과 관계있는 책도 쓰고 싶습니다.

선뜻 출판을 결정해주신 자음과모음의 강병철 사장님과 이 책이 책답게 나올 수 있도록 많은 고생을 한 자음과모음의 모든 식구들에게 감사를 드립니다.

진주에서
정완상

화학법정의 탄생

과학공화국이라고 부르는 나라가 있었다. 이 나라는 과학을 좋아하는 사람들이 모여 살고 인근에는 음악을 사랑하는 사람들이 살고 있는 뮤지오 왕국과 미술을 사랑하는 사람들이 사는 아티오 왕국, 또 공업을 장려하는 공업공화국 등 여러 나라가 있었다.

과학공화국 사람들은 다른 나라 사람들에 비해 과학을 좋아했지만 과학의 범위가 넓어 어떤 사람은 물리를 좋아하는 반면, 또 어떤 사람은 화학을 좋아하기도 했다.

특히 다른 모든 과학 중에서 환경과 밀접한 관련이 있는 화학의 경우, 과학공화국의 명성에 맞지 않게 국민들의 수준이 그리 높은 편은 아니었다. 그리하여 공업공화국의 아이들과 과학공화국의 아이들이 화학 시험을 치르면 오히려 공업공화국 아이들의 점수가 더 높을 정도였다. 특히 최근 인터넷이 공화국 전체에 퍼지면서 게임에 중독된 과학공화국 아이들의 화학 실력은 기준 이하로 떨어졌다. 그것은 직접 실험을 하지 않고 인터넷을 통해 모의 실험을 하기 때문이었다. 그러다 보니 화학 과외나 학원이 성행하게 되었고, 그런 와중에 아이들에게 엉터리로 가르치는 무자격 교사들도 우후죽순 생겨나기 시작했다.

화학은 일상생활의 여러 문제에서 만나게 되는데 과학공화국 국민들의 화학에 대한 이해가 떨어지면서 곳곳에서 분쟁이 끊이지 않았다. 그리하여 과학공화국의 박과학 대통령은 장관들과 이 문제를 논의하기 위해 회의를 열었다.

"최근의 화학 분쟁을 어떻게 처리하면 좋겠소."

대통령이 힘없이 말을 꺼냈다.

"헌법에 화학 부분을 좀 추가하면 어떨까요?"

법무부 장관이 자신있게 말했다.

"좀 약하지 않을까?"

대통령이 못마땅한 듯이 대답했다.

"그럼 화학으로 판결을 내리는 새로운 법정을 만들면 어떨까요?"

화학부장관이 말했다.

"바로 그거야. 과학공화국답게 그런 법정이 있어야지. 그래, 화학법정을 만들면 되겠다. 그리고 그 법정에서의 판례들을 신문에 게재하면 사람들이 더 이상 다투지 않고 자신의 잘못을 인정할 수 있을 거야."

대통령은 입을 벌리고 흡족해했다.

"그럼 국회에서 새로운 화학법을 만들어야 하지 않습니까?"

법무부장관이 약간 불만족스러운 듯한 표정으로 말했다.

"화학적인 현상은 우리가 직접 관찰할 수 있습니다. 방귀도 화학적인 현상이지요. 그것은 누가 관찰하든 같은 현상으로 보이게 됩니다. 그러므로 화학법정에서는 새로운 법을 만들 필요가 없습니다. 혹시 새로운 화학 이론이 나온다면 모를까……."

생물부장관이 법무부장관의 말에 반박했다.

"그래 나도 화학을 좋아하지만 방귀의 냄새는 왜 생기는 걸까?"

대통령은 화학법정을 벌써 확정짓는 것 같았다. 이렇게 해서 과학공화국에는 화학적으로 판결하는 화학법정이 만들어지게 되었다.

초대 화학법정의 판사는 화학에 대한 책을 많이 쓴 화학짱 박사가 맡게 되었다. 그리고 두 명의 변호사를 선발했는데 한 사람은 화학과를 졸업했지만 화학에 대해 그리 깊게 알지 못하는 화치 변호사였고, 다른 한 변호사는 어릴 때부터 화학 영재교육을 받은 화학 천재인 켐스였다.

이렇게 해서 과학공화국의 사람들 사이에서 벌어지는 화학과 관련된 많은 사건들이 화학법정의 판결을 통해 깨끗하게 마무리될 수 있었다.

| 차례 |

이 책을 읽기 전에   생활 속에서 배우는 기상천외한 과학수업

프롤로그   화학법정의 탄생

제1장   기체에 관한 사건   13

방귀의 화학_ 지독한 방귀 냄새 | 공기보다 무거운 기체_ 프로판가스의 비밀 |
유독 기체_ 염소 기체가 사람 잡네

제2장   용해도에 관한 사건   37

고체의 용해도와 온도_ 냉커피는 저어서…… | 기체의 용해도와 온도_
어항 속 물고기의 죽음 | 기체의 용해도와 압력_ 넘치는 콜라

제3장   상태변화에 대한 사건   63

증발_ 오줌으로 만든 생수 | 액화와 기화_ 유리창에 부은 더운물 |
승화_ 드라이아이스 콜라는 위험해

제4장   금속에 대한 사건   87

비스무트에 대한 사건_ 어머 흑인이 되었어요 | 납중독의 위험_ 납을 빨고 있는 아이들

제5장   밀도에 관한 사건   105

밀도의 정의_ 부피가 중요한 이유 | 밀도_ 둥둥 뜨는 수영장

제6장 산화에 관한 사건 125

수소의 성질_ 위험한 수소 애드벌룬 | 빠른 산화의 조건_ 손난로의 폭발 |
플로지스톤 이론_ 플로지스톤은 없다 | 산소와 부패_ 달에서의 유통기한 |
연소의 조건_ 산소가 필요해

제7장 압력에 관한 사건 161

끓는점과 압력_ 높은 곳에서 설익는 밥 | 증기압_ 전자레인지 계란 폭탄

제8장 전기 화학 사건 179

센물과 단물_ 물맛만 좋은 센물 | 금속의 반응성_ 착한 금속, 마그네슘 |
전기 전도도_ 백금시 전깃줄 | 이온과 소금물_ 싼 이온음료의 비밀

제9장 산과 염기에 대한 사건 207

중화반응_ 오줌의 해독작용 | 산의 성질_ 내 머리카락 돌려줘

제10장 열에 대한 사건 223

열 용량_ 무식하게 큰 체온계 | 혼합물의 끓는점_ 라면 빨리 끓이는 법 |
기체의 온도와 부피_ 온천탕, '튜브금지' | 분자의 확산_ 지독한 발 냄새

에필로그 화학과 친해지세요

제1장

기체에 관한 사건

방귀의 화학_ 지독한 방귀 냄새

엘리베이터 안에서 독한 냄새를 풍기며 방귀를 뀐 아가씨는 죄가 있을까요?

공기보다 무거운 기체_ 프로판가스의 비밀

집에서 LPG 가스가 새었을 때는 어떻게 해야 할까요?

유독 기체_ 염소 기체가 사람 잡네

화장실을 세정제로 청소하다가 질식한 이유는 무엇일까요?

지독한 방귀 냄새

엘리베이터 안에서 독한 냄새를 풍기며
방귀를 뀐 아가씨는 죄가 있을까요?

| 사건 속으로 | 김뽀옹 양은 최근에 다이어트를 위해 아침밥을 먹지 않는다. |

그 대신 그녀는 계란 프라이와 콩과 우유로 아침식사를 대신한다. 계란, 콩, 우유는 단백질이 많고 칼로리가 충분해 굳이 밥을 먹지 않아도 속이 든든하기 때문이다.

최근 그녀는 광고회사로 자리를 옮겨 카피라이터 일을 하고 있는데 워낙 일에 대한 스트레스가 많아 며칠째 변비로 고생 중이다.

한편 같은 회사에 다니는 견개코 씨는 후각이 예민하다. 그는 수려한 용모 때문에 여직원들 사이에서 인기가 많다. 물론 김뽀옹 양도 견개코 씨와 사귀고 싶어 하는 여성 중 하나다.

그러던 어느 날 단둘이 엘리베이터를 타게 되었다. 김뽀옹 양은 이 기회를 놓치지 않고 견개코 씨에게 작업을 하기 시작했다. 견개코 씨도 김뽀옹 양에 대해 비교적 호감을 가지고 있던 터라 두 사람의 관계는 작은 엘리베이터 안에서 점점 발전되는 것 같았다.

그런데 갑자기 엘리베이터가 덜커덩거리더니 멈추었다. 김뽀옹 양은 두려웠지만 한편 견개코 씨와 좀 더 오랜 시간 함께 있을 수 있다는 생각에 슬며시 미소를 지었다. 견개코 군은 핸드폰으로 여기저기 연락하기 시작했다.

그때 '뽀옹' 하는 소리가 들리고 엘리베이터 안은 방귀 냄새로 가득 찼다. 초여름이고 아직 에어컨이 작동되지 않는 밀폐된 작은 공간에 김뽀옹 양의 방귀 냄새가 퍼지기 시작한 것이다. 김뽀옹 양의 얼굴이 빨개졌다. 코가 예민한 견개코 군은 점점 숨 쉬기가 힘들어졌다. 얼마 후 문이 열리고 구조대가 도착해 견개코 씨는 병원으로 실려갔다. 병원에 입원한 견개코 씨는 자신이 입원한 것이 김뽀옹 양의 방귀에서 나온 엄청난 냄새 때문이라며 김뽀옹 양을 화학법정에 고소했다.

콩, 우유, 계란 같은 단백질이 많이 든 음식을 먹으면 방귀 냄새가 지독하답니다.
바로 단백질 속의 질소 때문이죠.

방귀 냄새는 왜 생길까요? 화학법정에서 알아봅시다.

화학짱 판사

화치 변호사

켐스 변호사

 피고 측 말씀하세요.

방귀는 생리현상입니다. 그러니까 누구나 뀌는 것이죠. 또한 엘리베이터가 고장난 것은 예측할 수 없는 사건입니다. 그러므로 고장난 엘리베이터 안에서 김뽀옹 양이 방귀를 뀐 것은 충분히 일어날 수 있는 사건입니다. 얼마나 참을 수 없었으면 미모의 아가씨가 남자 앞에서 방귀를 뀌었겠습니까? 그런 점에서 견개코 군이 질식한 것은 남보다 코가 예민해서이지 김뽀옹 양의 방귀와는 관계가 없다는 점을 강조하고 싶습니다.

정말 냄새나는 재판이군요. 원고 측 말씀하세요.

방귀 연구소 소장인 김방귀 박사를 증인으로 요청합니다.

갑자기 천둥소리가 들렸다. 증인인 김방귀 씨가 뀐 방귀 소리였다.

증인은 법정모독이요.

생리현상입니다.

정말 지저분한 재판이군. 원고 측 변론하세요.

방귀연구소에서는 어떤 일을 하고 있습니까?

방귀의 종류, 소리, 냄새들에 대해 연구하고 있습니다. 변호사님 방귀를 한 글자, 두 글자, 세 글자, 네 글자로 나타내 보시겠습니까?

난센스 퀴즈입니까?

그렇습니다.

도저히 모르겠는데요.

뿡, 뽀옹, 똥트림, 똥딸꾹질입니다.

이의 있습니다. 원고 측 증인은 재판과 관계없는 얘기를 하고 있습니다.

인정합니다. 하지만 재밌군! 적어 뒀다 써먹어어야지. 그럼 원고 측 계속하세요.

김뽀옹 양은 다이어트를 위해 아침밥 대신 계란 프라이와 콩과 우유를 먹습니다. 이것과 방귀와 관계가 있습니까?

물론 있습니다. 방귀의 냄새는 먹는 음식과 밀접한 관계가 있죠.

자세히 설명해 주시죠.

우리가 먹는 음식은 주로 탄수화물, 지방, 단백질로 나눌 수 있습니다. 이 중 탄수화물과 지방은 수소, 산소, 탄소로 이루어져 있고 단백질은 수소, 산소. 탄소, 질소로 이루어져 있습니다.

단백질에만 질소가 있군요. 그런데 이것과 방귀 냄새와 어떤 관계가 있죠?

김뽀옹 양의 아침 식단은 단백질 음식입니다. 콩, 우유, 계란은 단백질이 많은 대표적인 음식이죠. 바로 단백질 속의 질소가 방귀 냄새의 주범입니다. 질소 때문에 단백질 음식을 먹으면 암모니아 가스가 만들어지는데 이것이 냄새의 원인이죠.

그렇군요. 여름철에 에어컨이 없는 엘리베이터 안은 사람들의 땀 냄새만으로도 견디기 힘든 곳입니다. 물론 엘리베이터가 고장나서 멈출 수 있습니다. 그리고 방귀가 생리현상이라는 점도 인정합니다. 하지만 모든 방귀가 사람을 질식시킬 정도로 냄새가 지독한 것은 아닙니다. 이렇게 지독한 냄새가 난 것은 지나치게 단백질만을 섭취하는 김뽀옹 양의 아침 식단 때문입니다. 그러므로 견개코 군의 질식에 김뽀옹 양의 책임이 있다고 주장합니다.

판결합니다. 생리적 현상인 방귀에 대한 최초의 재판입니다. 원고 측과 피고 측의 주장 모두 일리가 있다고 생각합니다. 어떤 음식을 많이 먹으면 방귀 냄새가 많이 나는지에 대해 김뽀옹 양이 미리 알았다는 생각은 들지 않습니다. 하지만 단백질만 섭취하는 김뽀옹 양의 유별난 식습관 때문에 지독한 냄새의 방귀가 나와 견개코 군이 입원할 정도의 상황이 되었다면 김뽀옹 양의 책임을 인정하지 않을 수 없습니다. 그러므로 김뽀옹 양은 견개코 군의 병원비를 지불하고 병실에 하루에 한 번 문병을 가는 것으로 판결합니다.

재판 후 김뽀옹 양은 견개코 군의 병실을 찾았다. 그리고 이번 사건을 계기로 그녀는 아침에는 가능한 단백질 음식보다는 밥과 국 등의 탄수화물 음식을 주로 먹었다. 이제 김뽀옹 양의 방귀 냄새는 사라졌다. 두 사람은 이 인연으로 결혼했다. 결혼식 날 주례선생이 혼인서약을 시키자 긴장한 김뽀옹 양은 조그맣고도 길게 퍼지는 방귀 소리를 냈다. 하지만 냄새는 나지 않았다.

프로판가스의 비밀

집에서 LPG 가스가 새었을 때는
어떻게 해야 할까요?

**사건
속으로**

최근 과학공화국의 케미존에 프로판 시티라는 신도시가 생겼다. 프로판 시티는 주변의 경치가 아름다워 많은 사람들이 살고 싶어 했다.

내추럴 시티에 살던 김가스 씨도 가족과 함께 프로판 시티 외곽에 아름다운 집을 지어 이사했다. 김가스 씨가 이삿짐 정리를 하고 있을 때 갑자기 초인종이 울렸다.

"가스회사에서 왔는데요."

20대 초반의 청년이 가스통을 들고 서 있었다.

"주방에 설치하세요."

청년은 가스통을 가스레인지에 연결했다.

"이 가스는 프로판가스입니다."

청년이 말했다.

김가스 씨는 이를 대수롭지 않게 여기고 가스레인지의 점화 스위치를 눌렀다. 푸르스름한 불꽃이 위로 치솟았다. 놀란 김가스 씨는 스위치를 껐다.

이삿짐 정리가 대충 끝나고 김가스 씨는 아내와 아들을 위해 가스레인지에 물을 올려놓고 라면을 끓였다.

김가스 씨 가족은 라면을 맛있게 먹고 동네를 살펴보기 위해 집을 나섰다. 한 두어 시간 후 김가스 씨 가족이 집으로 돌아왔을 때 왠지 모를 가스 냄새가 집안에 가득했다.

청년이 급하게 설치를 하는 바람에 가스 밸브의 안전장치를 설치하지 않아 가스가 샌 것이었다. 김가스 씨는 당황한 가족을 안심시키고 모든 유리창을 열어 환기를 시켰다.

김가스 씨는 전에 살던 곳에서도 가스가 새면 유리창을 모두 열어 환기를 시키곤 했다. 김가스 씨는 가스가 다 빠져나갈 때까지 가족들과 함께 잠시 외출했다. 두어 시간 후 김가스 씨 가족은 다시 집으로 들어왔다.

"가스가 다 빠져나갔겠지?"

김가스 씨는 유리창을 모두 닫았다. 그리고 이사 온 첫날을 기념하기 위해 케이크 위에 초를 꽂고 불을 붙였다. 그 순간 '펑' 소리가 났다. 다행히 김가스 씨 가족은 문 옆에 있어서 급히 밖으로 도망칠 수 있었지만 몇 개월 동안 공들여 지은 아름다운 집이 불타버렸다.

김가스 씨는 가스 회사의 부주의 때문에 집이 폭발했다며 가스 회사를 화학법정에 고소했다.

프로판가스는 공기보다 무겁기 때문에 바닥에 쌓여 있는 가스를
빗자루로 쓸어내야 한답니다.

프로판가스는 왜 유리창을 열어도 빠져나가지 않았을까요? 화학법
정에서 알아봅시다.

화학짱 판사

화치 변호사

켐스 변호사

재판을 시작합니다. 피고 측 변론하세요.

원고 측은 가스가 샌 것을 확인하고도 가스 전문가에게
조언을 구하지 않고 단지 창문만 열어 환기시키면 가스가 모
두 빠져나갈 것이라고 생각했습니다. 이것은 가스 누출시 가
스 안전요원과 상담을 하지 않은 김가스 씨의 경솔함 때문에
일어난 사건이므로 피고인 가스 회사는 이 사건에 책임이 없
다고 주장합니다.

원고 측 변론하세요.

가정용 가스 전문가인 돈가스 박사를 증인으로 요청합니다.

몸이 뚱뚱한 돼지 코의 40대 남성이 증인석으로 나왔다.

증인이 하는 일을 간단히 설명해 주세요.

저는 가정용 가스의 안전성을 조사하는 일을 하고 있습
니다.

이번 폭발 사고의 원인은 무엇입니까?

프로판가스가 새어나와 바닥에 깔려 있다가 김가스 씨
가 초에 불을 붙이는 순간 폭발한 것으로 추정됩니다.

😵 보통 가스는 유리창을 모두 열고 두세 시간 외출하고 돌아오면 다 빠져나가는 것 아닌가요?

🐵 그것은 LNG의 경우 그렇습니다.

😵 LNG가 뭐죠?

🐵 액화 천연가스인데 주성분이 공기보다 가벼운 메탄가스로 되어 있습니다. 그러니까 만일 김가스 씨의 집에서 LNG를 사용했다면 가스가 새었다 해도 두어 시간 동안 모든 유리창을 열어서 환기시키면 모두 밖으로 빠져나가서 이런 폭발 사고는 일어나지 않았을 것입니다.

😵 김가스 씨는 분명히 두어 시간 환기를 시켰습니다. 그런데 왜 폭발한 거죠?

🐵 프로판 시티는 우리 공화국에서 프로판가스의 생산량이 가장 많은 도시입니다. 그래서 이 도시는 다른 도시와는 달리 LPG라고 부르는 액화 프로판가스를 가정용 가스로 사용하고 있습니다. 그런데 프로판가스는 공기보다 무겁기 때문에 유리창을 열어 놓아도 유리창을 통해 밖으로 빠져나가지 않습니다. 그러니까 프로판가스가 새어 나왔을 때는 바닥에 쌓여 있는 가스를 빗자루로 쓸어 내어 문 밖으로 밀어 내야 합니다. 그리고 가스 안전공사의 관리직원에게 연락하여 가스가 실내에 남아 있는지를 체크해야 합니다.

😵 이번 사건은 가정에서 사용하는 가스가 공기보다 가벼

울 것이라는 착각에서 일어난 것입니다. 많은 사람들이 가스는 공기보다 가벼워 위로 올라갈 것이라고 믿는 만큼 공기보다 무거운 가스를 설치한 경우는 그 점을 사용자에게 알리고 주지시킬 필요가 있습니다. 그런 면에서 원고가 입은 손해를 피고인 가스 회사가 보상할 책임이 있다고 생각합니다.

판결합니다. 가정용 가스로는 주로 LNG가 쓰입니다. 하지만 프로판 시티는 프로판가스가 많이 생산되기 때문에 LPG를 사용하고 있습니다. 물론 이것은 당연하다고 볼 수 있습니다. 하지만 보통 사람들이 가스는 공기보다 가벼워 유리창을 열면 밖으로 빠져나갈 것으로 생각한다는 원고 측의 주장에 일리가 있다고 생각합니다. 그러므로 가스를 설치하는 회사에서 프로판가스가 새었을 때는 어떻게 해야 하는지를 알려 주어야 할 의무가 있습니다. 그러므로 김가스 씨가 입은 피해에 대해 쌍방 모두 책임이 있다고 판결합니다.

재판 후 가스 회사는 김가스 씨의 집수리비의 반을 부담했다. 그리고 새로 지어진 김가스 씨 집의 가스레인지에는 다음과 같은 글이 붙어 있었다.

- 프로판가스는 공기보다 무겁다!! -

염소 기체가 사람 잡네

화장실을 세정제로 청소하다가
질식한 이유는 무엇일까요?

**사건
속으로**

깔끔녀 씨는 가정주부다. 그녀는 남편이 출근만 하면 하루에
세 번 집안을 청소할 정도로 깔끔한 성격이다. 특히 그녀가
청소할 때 가장 중요하게 생각하는 곳은 화장실이다. 그래서
깔끔녀 씨의 집 화장실은 특급호텔 화장실보다 더 깨끗했다.
깔끔녀 씨의 청소에 대한 욕심은 끝이 없었다. 그녀는 보통
락스를 이용하여 화장실 타일을 여러 차례 닦는다. 최근 그녀
는 CBC 방송에서 하는 TV 생활과학에서 염산이 들어 있는
산성세정제를 사용하면 더 깔끔하게 변기 청소를 할 수 있다

는 정보를 얻었다.

깔끔녀 씨는 당장 가게로 가서 산성세정제를 샀다. 그리고 변기를 청소했다. 전보다 변기가 훨씬 더 깨끗해 보였다.

갑자기 그녀의 머릿속에 좋은 생각이 떠올랐다. 그것은 산성세정제와 락스를 섞어 바닥을 청소하면 더 깨끗해질 것이라는 생각이었다. 그녀는 락스로 닦은 화장실 바닥에 산성세정제를 뿌렸다.

잠시 후 그녀는 호흡이 가빠지더니 실신했다. 그때 마침 놀러 온 옆집 아주머니가 그녀를 보고 119에 신고했다.

다행히 생명은 건졌지만 그녀는 오랫동안 병원에 입원해야 했다. 병원에서 퇴원한 깔끔녀 씨는 CBC 방송을 화학법정에 고소했다.

산성세정제와 락스를 함께 사용하면 염소 기체가 발생합니다.
염소 기체는 유독성 기체여서 아주 위험하답니다.

산성세정제와 락스를 함께 쓰면 위험할까요? 화학법정에서 알아봅시다.

화학짱 판사

화치 변호사

켑스 변호사

피고 측 말씀하세요.

CBC 방송에서 염산이 들어있는 산성세정제를 사용하면 변기 청소가 잘 된다고 한 얘기는 화학적으로 근거 있는 이야기입니다. 그런데 본 변호인은 왜 깔끔녀 씨가 실신했는지 이해가 안 됩니다. 아마도 산성세정제 때문이 아니라 다른 이유 때문에 깔끔녀 씨가 실신했다고 밖에는 생각할 수 없습니다.

원고 측 말씀하세요.

신세제 박사를 증인으로 요청합니다.

깔끔하게 옷을 차려입은 40대 남자가 증인석에 앉았다.

증인이 하는 일을 말씀해 주십시오.

저는 여러 가지 세정제의 성분을 조사하는 일을 하고 있습니다.

이번 사건에 대해 어떻게 생각하십니까?

이번 사고는 락스와 산성세정제를 함께 사용해 유독가스가 발생하여 깔끔녀 씨가 질식한 것입니다.

잘 이해가 안 되는군요. 락스나 산성세정제나 똑같이 더

러운 것을 닦아내는 기능을 하지 않나요?

물론 그렇습니다. 두 가지를 따로 사용하면 아무 문제가 없지만 함께 사용하면 위험합니다. 락스는 차아염소산나트륨의 수용액입니다. 그리고 변기 청소에 쓰이는 산성세정제에는 염산이 들어 있습니다. 그런데 차아염소산나트륨과 염산이 만나 반응하면 황록색을 띤 염소 기체가 발생합니다.

염소 기체가 문제가 되나요?

염소 기체는 제일차세계대전 때 독가스로 사용될 정도로 사람에게는 치명적인 유독성 기체입니다. 그러므로 염소 기체를 조금만 마셔도 피를 토하거나 질식하여 죽을 수 있습니다.

무섭군요. 이렇게 산성세정제나 락스나 화장실을 깨끗하게 해주는 발명품이지만 이 둘을 함께 사용하면 위험한 염소 기체가 발생하여 사람을 죽게 할 수 있습니다. 다행히 깔끔녀 씨는 목숨을 건졌지만 앞으로 이런 사고가 재발되지 않도록 CBC 방송에 강력한 징계를 해야 한다는 것이 본 변호사의 생각입니다.

TV나 라디오를 통해 생활 속의 과학 정보를 전달하는 것은 지금과 같은 과학 시대를 살아가는 데 크게 기여한다고 볼 수 있습니다. 하지만 프로그램마다 지나치게 경쟁이 붙어 과학에 대해 잘 모르는 연사들이 과학에 대한 그릇된 개념을 전하는 일들도 많아지고 있습니다. 이번 사건의 경우 잘못된 과학을 얘기한 것은 아니지만 대부분의 가정에서 락스로 화장실 청소를 하고 있는 점을 고려하여 산성세정제와 락스를 함께 사용하지 말라는 경고를 해주었어야 합니다. 그러므로 이번 깔끔녀 씨의 염소 질식에 CBC 방송이 책임이 있다고 판결합니다.

재판 후 CBC 방송은 깔끔녀 씨의 병원비와 정신적 위자료를 지급하고 시청자들에게 사과방송을 했다. CBC 방송은 깔끔녀 씨의 허락을 얻어 산성세정제와 락스를 함께 쓰면 병원에 입원한다는 방송을 내보냈다.

신비로운 기체의 성질들

여러분이 알고 있는 기체에는 어떤 것이 있나요? 수소, 산소, 질소, 이산화탄소, 염소……. 참 많은 종류의 기체가 있군요. 자, 그럼 이제 기체에 대한 여행을 떠나보기로 할까요?

수소는 어떤 성질을 가진 기체일까요? 수소는 18세기 후반에 영국의 과학자 캐번디쉬가 처음 발견했어요. 수소는 세상에서 가장 가벼운 기체로 폭발하는 성질이 있지요. 그러니까 수소를 채운 용기에 불을 붙이면 폭발하니까 조심해서 다루어야 합니다.

다음 주인공 헬륨에 대해 알아보죠. 헬륨은 수소보다는 무겁지만 공기보다 가벼우니까 헬륨을 채운 풍선은 위로 뜨지요. 헬륨에는 또 재미있는 성질이 있어요. 헬륨을 채운 성분을 입으로 마신 다음에 말을 해보세요. 목소리가 이상해질걸요?

이번에는 산소에 대해 알아보죠. 산소는 우리 세상에 없어서는 안 될 중요한 기체입니다. 18세기 후반 과학자 라부아지에가 발견했는데 산소는 어떤 물질이 타는 것을 도와주는 성질이 있어요. 그러니까 산소가 없으면 물질에 불이 붙지 않아요.

그럼 질소는 어떤 기체일까요? 우리를 둘러싸고 있는 공기 중에서 가장 많은 기체는 바로 질소입니다. 19세기 후반 러더 퍼드에 의해 발견된 질소는 처음에는 독이 있는 공기라고 불렸습니다. 질소를 모아둔 곳에 불을 넣으면 꺼지고 쥐를 넣어두면 30분 이내에 죽어버리기 때문이죠. 그러니까 밀폐된 방에서 불을 태우면 공기 중의 산소는 사라지고 질소와 이산화탄소만 남게 되니까 숨을 쉴 수 없게 됩니다.

질소 속에서는 숨을 쉴 수가 없어요.

네온이라는 기체에 대해 들어 본 적이 있나요? 네온사인으로 더 유명한 기체죠. 네온사인과 형광등은 같은 원리를 가지고 있어요. 그럼 왜 형광등은 흰빛이 나오고 네온사인은 붉은 빛이 나오는 걸까요? 그것은 유리관에 넣은 기체 때문이죠. 유리관 안에는 두 개의 극이 있어요. 유리관에 높은 전압을 걸어주면 전자들이 튀어나오는데 전자들이 유리관에 넣은 기체 분자와 충돌하면서 빛이 나오는 것이죠. 형광등 속에는 수은 기체가 들어 있는데 전자와 수은이 충돌하면 자외선이 나오고, 그것이 형광등 안에 발라 놓은 형광물질과 부딪쳐서 우리 눈에는 흰빛으로 보이는 것입니다. 또한 네온 기체를 넣은 유리관에서는 전자들이 네온과 부딪쳐 붉은빛을 발생시키죠.

제2장

용해도에 관한 사건

고체의 용해도와 온도_ 냉커피는 저어서……
냉커피를 탈 때 막대로 저어주지 않아 설탕이 잘 녹지 않았다면 누구의 책임일까요?

기체의 용해도와 온도_ 어항 속 물고기의 죽음
수조의 뚜껑을 덮어 물고기들이 떼죽음 당했다면 누구의 책임일까요?

기체의 용해도와 압력_ 넘치는 콜라
콜라를 마구 흔들어서 아가씨의 옷을 버렸다면 누구의 책임일까요?

냉커피는 저어서……

냉커피를 탈 때 막대로 저어주지 않아
설탕이 잘 녹지 않았다면
누구의 책임일까요?

**사건
속으로**

이코피 씨는 커피 없이는 못 사는 사람이다. 그는 특히 설탕을 가득 넣은 커피를 좋아한다. 그것은 그가 설탕의 단맛에 중독되었기 때문이다.

김코피 씨는 회사에 출근하면 거의 매시간마다 자판기 커피를 뽑아 마시곤 한다. 그날도 이코피 씨는 회사에 출근하자마자 커피를 뽑기 위해 자판기 앞으로 갔다.

그런데 그날부터 마침 500원짜리 냉커피가 판매되고 있었다. 이코피 씨는 시원한 냉커피를 마시기 위해 냉커피

버튼을 눌렀다. 잠시 후 작은 얼음들이 들어 있는 냉커피가 나왔다.

김코피 씨는 달짝지근한 설탕 커피를 기대했지만 쌉쓰름한 커피 맛만 느껴졌다. 김코피 씨는 도저히 써서 먹을 수 없는 냉커피를 버리고 자판기에 적힌 번호로 담당자에게 전화를 걸었다.

"여보세요. 설탕 커피에 왜 설탕이 안 들어 있습니까?"

"그럴 리 없어요. 제가 좀 전에 설탕을 가득 부어 놓고 왔는데요."

"나는 설탕 냉커피 버튼을 눌렀어요. 그런데 설탕 맛은 안 나고 쌉쌀한 커피 맛만 느껴진단 말입니다."

잠시 후 직원이 자판기 앞으로 왔다. 그는 500원을 주화구에 넣어 냉커피를 눌렀다. 잠시 후 냉커피가 나왔다. 그는 준비해 온 젓가락으로 냉커피를 저었다. 그러고는 김코피 씨에게 먹어보라고 했다.

"설탕이 들어 있는 게 맞죠? 설탕이 밑에 가라앉아 있어서 그래요. 저어 먹으면 되지요."

"이거 보세요. 자판기에 젓가락을 가지고 가는 사람이 어디 있어요? 자판기 옆에 막대가 비치되어 있어야 되는 거 아닌가요?"

잠시 두 사람의 실랑이가 있었다. 하지만 자판기 직원은 커피를 젓는 막대를 비치하지 않은 것에 대해 미안해하는 기색이

고체 물질의 용해도는 온도가 낮아질수록 작아지는 성질이 있습니다.
그래서 냉커피에 설탕을 잘 녹이려면 막대로 저어주어야 하는 것이죠.

조금도 없었다. 김코피 씨는 화가 치밀어 자판기 관리 회사를
화학법정에 고소했다.

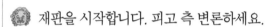

냉커피에 설탕이 잘 녹지 않는 이유는 무엇일까요? 화학법정에서 알아봅시다.

화학짱 판사

화치 변호사

캠스 변호사

재판을 시작합니다. 피고 측 변론하세요.

자판기는 동전을 넣고 커피나 음료를 뽑아 먹기 위해 발명된 기계입니다. 자판기의 발명으로 사람들은 굳이 커피숍에 들어가 비싼 커피를 마시지 않고 동전 몇 개만으로 커피를 마실 수 있게 되었습니다. 커피숍을 운영하고 있는 음다방 양을 증인으로 요청합니다.

초미니 스커트 차림의 아가씨가 증인석에 앉았다.

증인의 다방에서도 냉커피를 팔지요.

다방이 아니라 커피숍이에요.

죄송합니다.

물론 여름에 냉커피를 팔아요.

설탕을 저을 수 있는 막대를 주나요?

네. 빨대가 꽂혀 있으니까 그걸로 저으면 되지요.

냉커피 한 잔에 얼마죠?

저희는 원두 냉커피라 좀 비싸요. 한 잔에 3500원을 받아요.

그렇습니다. 일반 커피숍에서 냉커피 한 잔에 3500원을 받고 있습니다. 이런 가격이라면 당연히 설탕을 저을 수 있는 빨대를 꽂아 주지만 자판기는 세상에서 가장 싼 커피를 팔고 있습니다. 한 잔에 500원이니까요. 그런데 김코피 씨가 자판기에 막대나 빨대를 갖다 놓으라고 하는 것은 무리한 요구라고 생각합니다.

원고 측 말씀하세요.

디퓨전 연구소의 이용해 박사를 증인으로 요청합니다.

이용해 박사가 증인석에 앉았다.

증인이 하는 일을 말씀해 주세요.

고체의 용해도에 대한 연구를 하고 있습니다.

용해도가 뭐죠?

물 100g에 최대로 녹을 수 있는 고체의 g수를 그 고체의 용해도라고 합니다. 예를 들어 소금물의 경우 온도가 20도일 때 용해도는 36입니다. 그러니까 물 100g에 최대로 녹을 수 있는 소금이 36g이라는 뜻입니다.

이번 사건은 설탕의 용해도와 관계가 있겠군요.

그렇습니다.

그런데 왜 뜨거운 커피에서는 설탕이 잘 녹는데 냉커피

에서는 잘 안 녹는 것이지요?

그것은 온도 때문이죠. 일반적으로 고체 물질의 용해도는 온도가 낮아질수록 작아집니다. 그러니까 뜨거운 커피보다는 냉커피에서 설탕이 잘 안 녹는 것이죠.

그렇다면 어떻게 냉커피의 단맛을 내죠?

제일 좋은 방법은 액체 상태의 설탕을 이용하는 것입니다. 그 방법은 보통 커피숍에서 많이 쓰는 방법이죠. 또한 고체 물질은 부피가 작을수록 잘 녹는 성질이 있어요. 냉커피에 각설탕을 넣으면 잘 녹지 않는 것처럼요. 그러니까 각설탕을 작은 설탕 알갱이로 만들어 주어야 합니다.

그럼 이번 사건의 경우처럼 자판기에서 냉커피가 달지 않은 것은 왜죠?

설탕이 차가운 냉커피 속에서 잘 녹지 않기 때문이죠. 이때 설탕을 잘 녹게 하려면 물리적인 방법을 써야 하는데 가장 좋은 방법은 막대로 저어주는 것이죠. 그럼 설탕이 빠르게 녹게 됩니다.

그렇습니다. 고체의 용해도가 물의 온도에 따라 달라지기 때문에 뜨거운 커피일 때는 잘 녹는 설탕이 차가운 냉커피에서는 잘 녹지 않습니다. 그러므로 아무리 자판기라 하더라도 손님들이 단맛 나는 냉커피를 먹을 수 있게 저을 수 있는 막대를 제공해야 합니다.

🏛 판결합니다. 커피의 값이 비싸든 싸든 손님들은 커피의 맛을 느낄 수 있어야 합니다. 블랙 커피를 마시는 사람은 커피 향 자체의 맛을 좋아하지만 속칭 다방 커피라고 알려진 설탕 크림 커피를 마시는 사람은 설탕의 달짝지근한 맛으로 커피를 먹습니다. 그러므로 블랙 냉커피의 경우는 설탕이 없으므로 막대를 공급할 의무가 없지만 설탕 냉커피는 설탕을 잘 녹게 저을 수 있는 막대를 공급할 의무가 자판기 관리인에게 있다고 여겨집니다.

재판 후 냉커피 자판기들이 개조되었다. 새로운 자판기에서 설탕 냉커피를 택하면 물과 커피와 설탕 크림과 얼음이 떨어지고 난 후 조그만 빨대가 떨어졌다. 사람들은 그 빨대로 커피를 저어 단맛 나는 냉커피를 먹을 수 있게 되었다.

어항 속 물고기의 죽음

수조의 뚜껑을 덮어 물고기들이
떼죽음 당했다면 누구의 책임일까요?

**사건
속으로**

이어족 씨는 퓨즈 시티에서 생선타운이라는 횟집을 운영
하고 있다. 생선타운은 다른 횟집과 구조가 조금 달랐다.
다른 횟집에서는 입구나 주방에서만 수조 속의 물고기를
볼 수 있었지만 생선타운에서는 손님들이 식사하는 테이
블 옆마다 수조가 있고 그곳에 물고기들이 헤엄치고 있어
손님들은 회를 먹으면서 생선을 옆에서 지켜볼 수 있었다.
이러한 아이디어 때문에 생선타운에는 많은 사람들이 몰
리기 시작했다. 그런데 낮이 되어 물이 따뜻해지면 물고

기들이 수면 위로 올라오는 통에 손님들에게 물이 튀어 손님들의 불만을 샀다.

어느 날 이어족 씨가 잠시 외출한 사이, 이 문제로 인한 큰 사고가 벌어졌다. 회를 좋아하는 단골 손님 김회 씨에게 수조의 물고기들이 수면 위로 올라와 물이 튀었다. 화가 난 김회 씨는 수조를 나무판자로 덮어 버렸다.

얼마 후 가게로 돌아온 이어족 씨는 나무판자를 덮어놓은 수조 속의 물고기들이 모두 죽어 있는 것을 발견했다. 그리고 물고기가 죽은 것이 김회 씨가 나무판자를 수조 위에 덮은 것 때문이라며 김회 씨를 화학법정에 고소했다.

수조 속의 물고기들은 물 속의 산소가 부족해지면
공기 중의 산소를 마시기 위해 물 밖으로 입을 내밉니다.

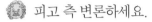

여기는
화학법정

수조의 뚜껑을 덮어 물고기들이 죽은 것일까요? 화학법정에서 알아봅시다.

화학짱 판사 ▲

화치 변호사 ▲

켐스 변호사 ▲

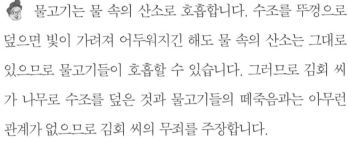

피고 측 변론하세요.

물고기는 물 속의 산소로 호흡합니다. 수조를 뚜껑으로 덮으면 빛이 가려져 어두워지긴 해도 물 속의 산소는 그대로 있으므로 물고기들이 호흡할 수 있습니다. 그러므로 김회 씨가 나무로 수조를 덮은 것과 물고기들의 떼죽음과는 아무런 관계가 없으므로 김회 씨의 무죄를 주장합니다.

원고 측 변론하세요.

가스디퓨전 연구소의 기용해씨를 증인으로 요청합니다.

기용해 씨가 증인석에 앉았다.

증인이 하는 일을 말씀해 주시겠습니까?

기체의 용해도를 연구하고 있습니다.

기체도 물에 녹나요?

물론입니다. 고체만큼 잘 녹지는 않지만 기체도 물 속에 녹일 수 있습니다.

이번 사건은 기체의 용해도와 관계 있습니까?

물론입니다.

어떤 기체죠?

산소입니다. 모든 생명체는 산소 없이는 살 수 없습니다. 물고기도 마찬가지죠. 물고기는 어항 속에 용해되어 있는 산소로 숨을 쉽니다.

물 속의 산소의 양은 항상 일정한 것 아닌가요?

그렇지 않습니다. 기체의 용해도는 온도가 올라갈수록 낮아집니다. 어항 속의 물을 갈아준 순간에는 물 속에 산소가 많지만 시간이 흐르면서 물의 온도가 올라가면 물 속의 산소가 줄어들지요. 그러면 물고기들은 공기 중의 산소를 마시기 위해 물 밖으로 입을 내밀게 되는 것입니다.

이번 사건의 원인은 무엇이라고 생각하십니까?

무식한 것이 원인이죠. 온도가 올라가서 산소가 부족해 물고기들이 물 밖으로 입을 내밀어 숨을 쉬려고 하는데 어항을 나무판자로 덮어 버리니까 물고기들이 공기 중의 산소를 호흡하기가 힘들어진 것이죠. 그러면서 물의 온도는 점점 올라가 산소가 거의 없어지니까 물고기들이 모두 죽은 것으로 생각됩니다.

그렇습니다. 증인의 말처럼 이번 물고기 떼죽음은 김회 씨가 나무판자로 수조를 덮었기 때문입니다. 이로 인해 물고기들이 공기 중의 산소를 마실 수 없게 되어 죽은 것입니다. 그러므로 이번 사건에 대해 김회 씨의 유죄를 주장합니다.

판결합니다. 비록 잠시 후 사람들에게 잡아먹힐 운명의 물고기들이지만 수조 속에서 헤엄치고 있을 때는 살아있는 생물입니다. 그리고 살아있는 물고기를 잡아서 회 뜨는 것이 생선회의 맛의 비결이므로 산소 부족으로 죽어서 물 위에 둥둥 뜬 물고기는 더 이상 좋은 횟감이라고 볼 수 없습니다. 그러므로 김회 씨의 과격한 행동으로 인해 수조 속의 물고기들이 죽었다는 것이 인정되므로 김회 씨는 이어족 씨에게 손해배상을 할 의무가 있다고 판결합니다.

재판 후 김회 씨는 물고깃값을 변상했다. 그리고 생선타운의 수조는 모두 뚜껑이 덮여 있었고 외부에서 물 속에 신선한 산소를 공급하는 장치가 붙어 있었다.

넘치는 콜라

**콜라를 마구 흔들어서
아가씨의 옷을 버렸다면
누구의 책임일까요?**

**사건
속으로**

최근 과학공화국에는 콜라를 즐기는 젊은이들이 많이 늘
어났다. 그래서인지 콜라를 마시면서 길을 걸어다니는
사람들도 많았다.

이콜쇼 씨는 이 점을 노려 콜라전문 카페 '춤추는 콜라'
를 개업했다. 콜라를 시키는 손님들에게 종업원들이 캔
콜라를 마치 칵테일 쇼 하듯이 이리저리 던지면서 묘기
를 부리고 캔뚜껑을 열어 손님의 컵에 부어주는 것이다.

이콜쇼 씨의 춤추는 콜라가 개장하는 날 많은 사람들이

카페에 모였다. 길게 줄을 선 사람들은 카페에 들어가 있는 사람들을 무척 부러워했다.

어릴 때부터 콜라를 너무 좋아해 콜라우먼이라는 별명을 가진 이깔끔 양은 맞선을 보는 장소로 춤추는 콜라를 예약했다. 그리하여 그녀는 첫 번째로 콜라 쇼를 구경하게 되었다.

이깔끔 양과 만나기로 한 남자는 아직 오지 않았지만 이콜쇼 씨의 콜라 쇼가 시작되었다. 이콜쇼 씨는 화려한 손놀림으로 두 개의 캔 콜라를 공중으로 던지는 묘기를 부리고 있었다.

5분 정도의 쇼가 끝나고 이콜쇼 씨는 이깔끔 양의 컵에 따르기 위해 캔 뚜껑을 열었다. 순간 콜라가 분수처럼 뿜어져 나와 이깔끔 양의 하얀 원피스에 뿌려졌다. 이깔끔 양은 어쩔 줄 몰라했다.

잠시 후 이깔끔 양과 만나기로 한 남자가 들어왔다. 그는 화미남이라는 청년으로 예쁘장한 외모에 섹시한 몸매를 가진 소위 말하는 얼짱이었다. 화미남 씨는 이깔끔 양의 복장이 깔끔하지 못한 것에 실망한 듯 맞선을 포기하고 춤추는 콜라를 떠났다.

콜라 쇼 때문에 맞선도 보지 못한 이깔끔 양은 이콜쇼 씨를 화학법정에 고소했다.

콜라를 흔들면 분자들의 운동이 활발해져서 온도가 올라갑니다.
그때 뚜껑을 열면 콜라가 넘쳐흐르게 되는 것이죠.

콜라를 흔들고 난 뒤에 병을 따면 넘치는 이유는 무엇일까요? 화학
법정에서 알아봅시다.

화학짱 판사

화치 변호사

켐스 변호사

피고 측 말씀하세요.

이깔끔 양은 콜라 쇼를 열심히 보았고, 이콜쇼 씨는 이
깔끔 양에게 가장 먼저 콜라를 따라 주었습니다. 이 과정에서
이콜쇼 씨의 자세가 불안정해져 콜라를 쏟은 것으로 생각됩
니다. 이것은 흔히 벌어질 수 있는 실수이니 이깔끔 양이 고
소를 취하하고 그냥 세탁비만 받고 화해했으면 합니다. 맞선
은 또 볼 수 있는 것 아닙니까?

화치 변호사, 제발 화학법정다운 얘기 좀 하세요. 원고
측 말씀하세요.

물론 이 정도의 사건은 일반 법정에서는 다룰 필요가 없
는 사건이지만 화학과 관계가 있으므로 화학법정에서 짚고
넘어가야 합니다. 콜라화학연구소의 김코크 씨를 증인으로
요청합니다.

캔 콜라를 빨대로 마시면서 들어오는 30대 사내가 증인석에
앉았다.

 콜라를 화학적으로 설명해 주시겠습니까?

콜라나 사이다와 같이 물 속에 이산화탄소가 녹아 있는 음료를 탄산음료라고 부릅니다.

이산화탄소는 물에 잘 녹습니까?

다른 기체에 비하면 이산화탄소는 물에 잘 녹는 편입니다. 또한 기체를 물에 더 많이 녹일 수 있습니다.

자세히 설명해 주시죠.

만원 버스를 탈 때 모습을 생각해 보세요. 어떻게 하죠?

그야 사람들을 밀고 들어가죠?

바로 그겁니다. 억지로 밀면 사람을 더 태울 수 있죠. 그러다 보면 비좁은 곳에 여러 명이 있어 사람들로부터 큰 압력을 받게 되죠. 마찬가지로 이산화탄소와 같은 기체는 고체물질에 비하면 물에 잘 안 녹으려는 성질이 있으니까 억지로 물에 밀어 넣는 것입니다.

무엇으로 밀어 넣죠?

압력을 높이면 됩니다. 압력이 높으면 기체가 위로 올라가지 못하고 물 속에 남아 있게 됩니다. 그러니까 당연히 많이 녹아 있게 되지요. 이렇게 콜라를 만들 때는 높은 압력에서 이산화탄소를 물 속에 녹여 뚜껑으로 막아 놓는 것입니다.

뚜껑을 열면 어떤 현상이 벌어지죠?

뚜껑을 열면 압력이 대기압과 같아져서 낮아집니다. 마치 만원 버스에서 숨을 쉴 수 없을 정도로 끼여 있다가 버스

문이 열리면 사람들이 문 밖으로 밀려나는 현상이죠. 마찬가지예요. 압력 때문에 억지로 물 속에 녹아 있던 이산화탄소들이 뚜껑이 열리는 순간 밖으로 빠져 나오게 되는 것이죠.

그럼 이번 사건처럼 콜라를 흔들었다가 따면 더 많은 이산화탄소가 뿜어져 나옵니까?

그렇습니다. 콜라를 흔들면 분자들의 운동이 활발해져 온도가 올라갑니다. 그러다 보니 이산화탄소들이 콜라 밖으로 빠져나와 병 안에서 뛰쳐나갈 준비를 하게 되죠. 그때 병 뚜껑을 열면 기다렸다는 듯이 이산화탄소가 빠르게 튀어 나가게 됩니다. 이때 콜라도 함께 튀어 나가는 것이죠.

그렇군요. 콜라나 사이다와 같이 이산화탄소가 용해되어 있는 탄산음료는 압력을 이용해 억지로 많은 양의 이산화탄소를 녹여 놓았기 때문에 뚜껑을 여는 경우와 같이 주위의 압력이 작아지면 튀어나가게 됩니다. 이때 콜라도 넘쳐흐르게 되지요. 콜라를 흔들게 되면 콜라 속의 이산화탄소가 더 잘 빠져나감에도 불구하고 콜라를 흔드는 쇼를 통해 이깔끔 양에게 피해를 입힌 이콜쇼 씨에게 그 책임이 있다고 보여집니다.

판결합니다. 기체의 용해도에 대한 사건이군요. 원고 측의 주장대로 콜라를 흔들었기 때문에 분자들의 운동이 활발해져 콜라가 넘쳐흘렀다는 원고 측의 주장을 인정합니다. 그러

비좁은 만원 버스에 문이 열리연 사람들이 밖으로 튕겨 나옵니다.
이것은 버스 안의 압력이 커져 있었기 때문이죠.

므로 이콜쇼 씨는 이깔끔 양이 입은 피해에 대해 물질적, 정신적 보상을 하고 앞으로 탄산음료를 흔드는 쇼를 과학공화국에서 금지합니다.

재판 후 과학공화국에서는 더 이상 콜라 쇼를 볼 수 없게 되었다.

용해도 이야기

어떤 물질은 물에 잘 녹지만 어떤 물질은 잘 녹지 않지요. 이렇게 물 속에 물질들이 얼마나 잘 녹을 수 있는가를 나타낼 때 용해도를 사용합니다.

용해도는 물 100g에 녹을 수 있는 물질의 양을 백분율로 나타냅니다. 물론 물 속에 녹는 양은 온도에 따라 달라집니다. 일반적으로 온도가 올라가면 물질은 물에 더 잘 녹습니다.

그럼 소금은 물에 얼마나 녹을 수 있을까요? 소금은 20℃의 물 100g에 36g 정도 녹을 수 있습니다. 그러니까 20℃의 물 100g에 소금 50g을 부으면 36g은 녹고 나머지 14g은 녹지 못해 바닥에 가라앉게 됩니다. 그러니까 소금을 많이 붓는다고 해도 물이 계속 짜지지 않겠죠.

그럼 왜 물질마다 용해도가 다를까요? 그것을 이해하기 위해서는 모든 물질은 그 물질을 구성하는 가장 작은 알갱이로 이루어져 있다는 것을 알아야 합니다. 예를 들어 소금은 소금 알갱이로 이루어져 있고 밀가루는 밀가루 알갱이로, 물은 물 알갱이로 이루어져 있는데 이들 알갱이들 사이의 끌어당기는 힘이 각각 다릅니다. 즉 동일한 온도에서 같은 양의 물 속에 소금은 잘 녹지만 밀가루가 잘 녹지 않는 이유는 물 알갱이와 소금 알갱이 사이의 끌어당기는 힘이 물 알갱이들끼리 끌어당기는 힘보다 강하지만, 물 알갱이와 밀가루 알갱이 사이의 끌어당기는 힘은 물 알갱이들끼리 끌어당기는 힘보다 약하기 때문입니다.

제3장

상태변화에 관한 사건

증발_오줌으로 만든 생수

오줌으로 물을 만들 수 있을까요?

액화와 기화_유리창에 부은 더운물

겨울에 눈이 쌓여 있는 차 유리창에 뜨거운 물을 부으면 어떤 일이 벌어질까요?

승화_드라이아이스 콜라는 위험해

드라이아이스를 손으로 만지면 어떻게 될까요?

오줌으로 만든 생수

오줌으로 물을 만들 수 있을까요?

**사건
속으로**

과학공화국의 남부 지방에는 한모래 사막이라고 하는 거
대한 사막이 있다. 이 사막을 지나면 공업이 발달한 테크
노피아 공화국이 나타난다. 과학공화국 국민들과 테크노
피아 공화국 국민들은 서로 대화가 잘 통하기 때문에 양
국의 국민들은 자주 왕래했다.

그런데 한모래 사막에는 오아시스가 없고 한모래 사막을
통과하는 데는 8시간이 소요되므로 한모래 사막의 입구
에는 많은 생수 장사들이 항상 북새통을 이루었다. 사막

의 입구에서 판매되는 생수 가격은 비싼 편이었지만 사막을
지나가는 사람들은 울며 겨자 먹기로 살 수 밖에 없었다.
그러던 어느 날 사막의 입구에는 다음과 같은 간판이 걸렸다.

> 이제 사막 한가운데서 맛있는 물을 생수의
> 십분의 일 가격으로 판매합니다.
> - 낙타소피생수주식회사 -

이때부터 사람들은 더 이상 사막 입구에서 비싼 생수를 사
지 않았다. 위기에 처한 생수판매업자들이 대책 회의에 들
어갔다.
"사막에는 물도 없는데 어떻게 물을 파는 거지?"
생수판매비상대책위원장인 나생수 사장이 입을 열었다.
"그 회사 이름을 보세요. 낙타소피생수잖아요? 낙타 소피는
낙타의 오줌이죠."
가장 젊은 생수업자 소샘물 사장이 말을 이었다.
"오줌으로 만든 물?"
회의에 참석한 모든 사람들의 눈이 일제히 휘둥그레졌다. 그
리고 생수판매비상대책위원회에서는 밤을 틈타 사막 한복판
에 있는 낙타소피생수주식회사의 공장을 엿보기로 했다.
소샘물 사장과 몇몇 동료가 몰래 낙타소피생수주식회사의 공

장 내부를 들여다보았다. 엄청나게 많은 낙타들이 커다란 통
에 오줌을 누고 있었다. 그리고 사람들이 분주히 그 오줌을
어디론가 옮기고 있었다.

"정말 오줌을 생수로 속여서 팔고 있군."

소샘물 사장은 현장을 디지털 카메라로 촬영했고, 다음 날 생
수판매비상대책위원회는 낙타소피생수주식회사를 화학법정
에 고소했다.

낙타의 오줌을 증발시켜서 만든 물은 노폐물이 없는
순수하고 깨끗한 물이 된답니다.

| 여기는
화학법정 | 낙타의 오줌으로 만든 물을 사람이 먹을 수 있을까요? 화학법정에
서 알아봅시다. |

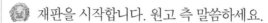 재판을 시작합니다. 원고 측 말씀하세요.

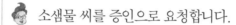 소샘물 씨를 증인으로 요청합니다.

소샘물 씨가 증인석에 앉았다.

증인은 한모래 사막의 입구에서 작은 샘물이라는 가게
를 운영하고 있죠?

네.

증인은 낙타소피생수주식회사에서 낙타의 오줌을 받아
물을 만드는 장면을 촬영했다고 하는데 사실입니까?

네. 제 디지털 카메라로 촬영했습니다.

잠시 후 법정의 오른편에 있는 스크린에 낙타들의 오줌을 어
디론가 분주하게 옮기는 사람들의 모습이 나타났다. 방청석
의 사람들이 웅성거렸다. 모두 놀란 표정이었다.

존경하는 재판장님. 물론 동물의 오줌은 거의 대부분이
물이지만 동물의 오줌으로 물을 만들어 사람들에게 판매하는

행위는 사람의 인격을 모독하는 행위로 볼 수 있습니다. 그러므로 낙타의 오줌으로 물을 만들어 판매한 낙타소피생수주식회사가 더 이상 영업을 하지 말아야 한다고 주장합니다.

🦁 피고 측 말씀하세요.

😳 낙타소피생수주식회사의 김소피 사장을 증인으로 요청합니다.

말끔한 복장에 강렬한 눈빛의 사내가 증인석에 앉았다.

😳 원고 측의 주장처럼 낙타의 오줌으로 물을 만든 것이 사실입니까?

😠 네.

😳 허허…… 이번 재판이 좀 힘들게 되었군요. 사람의 오줌도 찜찜한데 동물의 오줌으로 물을 만들다니요.

😠 오줌에 대한 편견을 버리셔야 합니다.

😳 그건 무슨 말이죠?

😠 동물의 오줌은 95% 정도가 물입니다. 물론 요소나 암모니아와 같은 다른 노폐물들이 섞여 있어 악취가 나긴 하지만요. 만일 오줌에서 노폐물들을 제거한다면 이 세상에서 가장 깨끗한 물을 얻을 수 있습니다. 우린 그 방법을 개발했기 때문에 저희들이 판매하는 물은 이 세상 어떤 물보다도 깨끗하

다고 자부합니다.

🧑 이해가 안 가는데 좀 더 자세히 말씀해 주시죠.

🐵 회사 비밀이지만 어쩔 수 없이 원리를 밝혀야겠군요. 좋습니다. 우리는 일단 낙타들의 오줌을 한곳에 모읍니다. 그리고 그 오줌을 모은 통을 거대한 비닐로 덮습니다. 비닐 천장의 곳곳에는 조그만 물통이 매달려 있습니다. 그리고 사막의 강한 햇빛을 받게 합니다. 그러면 햇빛이 비닐 속으로 들어가 오줌을 뜨겁게 만들겠죠. 그럼 오줌 속의 순수한 물만이 기체인 수증기가 되어 위로 올라갑니다. 그런데 위에는 비닐로 드리워져 있어 비닐 밖으로 수증기가 도망칠 수 없게 되죠. 그리고 밤이 되면 사막은 기온이 뚝 떨어집니다. 그러면 비닐 천장의 곳곳에 물방울들이 맺히게 됩니다. 물방울들이 여러 개 달라붙으면 무거워져 밑으로 떨어지는데 그것을 천장 곳곳에 매달아 놓은 물컵으로 받는 겁니다. 그러니까 물 컵 속에 모인 물들은 아주 순수한 물입니다.

🧑 그렇군요. 존경하는 재판장님. 인간이 먹을 수 있는 것과 먹을 수 없는 것을 가리는 척도는 결과물로써 평가되어야 합니다. 비록 낙타소피생수주식회사가 낙타의 오줌을 증발시켜 물을 만들었다고는 하지만 이들이 제조한 물 속에는 오줌 속에 들어 있던 노폐물이 없으므로 이 물을 오줌이라고 볼 수는 없을 것입니다. 또한 이 제조방법은 자연 속에서 물의 순

환을 이용한 방법으로 주변의 환경을 해치지 않습니다. 그러므로 이들이 물을 만드는 제조 방식에 아무런 문제가 없고 이들이 제조한 물의 성분을 분석해보면 오히려 우물물이나 개울물보다도 더 깨끗한 물이므로 사람이 먹을 수 있는 식용수로 여겨질 수 있습니다. 따라서 원고 측의 주장은 이유가 없다고 주장합니다.

판결합니다. 낙타소피생수주식회사의 물을 분석한 결과 인체에 해로운 성분은 나타나지 않았습니다. 그러므로 사람들이 먹을 수 있는 물이라고 판정합니다. 하지만 사람에 따라서는 과학적으로는 순수한 물이지만 낙타의 오줌이 원료가 되었다는 것에 기분이 찜찜해서 그 물을 먹지 않을 수도 있습니다. 그러므로 낙타소피생수주식회사가 물을 만든 원료를 사람들에게 알리지 않은 것은 잘못이라고 생각합니다.

재판 후 낙타소피생수주식회사의 간판이 사막 입구에 걸렸다.

> 우리는 낙타의 오줌으로 세상에서
> 가장 깨끗한 물을 만들고 있습니다.
> – 낙타소피생수주식회사 –

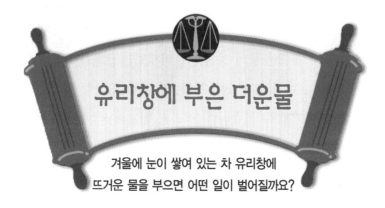

유리창에 부은 더운물

겨울에 눈이 쌓여 있는 차 유리창에
뜨거운 물을 부으면 어떤 일이 벌어질까요?

**사건
속으로**

김무드 씨는 최근에 열 살 아래의 이내숭 양과 결혼했다.
두 사람은 맞선을 보고 두 달 만에 결혼해서 그런지 결혼
후에도 연애하는 것처럼 재미있게 살았다.

최근 과학공화국 대부분의 직장들이 주5일제로 바뀌면
서 많은 사람들이 주말에는 여행이나 레저를 즐겼다. 자
동차 대리점을 운영하는 김무드 씨도 주5일 근무에 맞춰
어린 신부를 위한 여러 가지 이벤트를 고안했다.

분위기를 좋아하는 김무드 씨는 아내를 위해 전국적으로

유명한 펜션을 돌아다니며 주말을 즐겼다. 과학공화국은 겨울에 눈이 많이 내리는 편인데 김무드 씨가 이번 주에 택한 곳은 사이언스 시티 근교의 별빛고운언덕이라는 펜션이었다. 별빛고운언덕은 연인들이 주로 놀러오는 곳인데 산속에 있는 펜션이라 경치가 아름다워 많은 사람들이 찾았다. 김무드 씨는 아내와 그곳에서 이틀을 보낼 계획을 세웠다.

아내와 별빛고운언덕을 향해 떠나는 그날따라 폭설이 내렸다. 힘겹게 저단 기어를 걸어 펜션에 도착했지만 왠지 모를 불안감에 사로잡혔다.

다음 날 아침, 차로 온 김무드 씨는 차의 앞 유리창을 보고 깜짝 놀랐다. 유리창에 붙어 있는 눈이 새벽에 얼어붙어 좀처럼 떼어지지 않는 것이었다.

그때 펜션의 관리인이 와서 뜨거운 물로 얼음을 녹여주었다. 얼음은 깔끔하게 모두 제거되었다. 가벼운 마음으로 출발한 김무드 씨는 유리창에 김이 서려 도저히 앞을 볼 수 없었다.

이 때문에 김무드 씨는 벽을 도로로 착각하고 진입했다가 벽에 충돌했다.

병원에 입원한 김무드 씨는 펜션관리인이 뜨거운 물을 사용했기 때문에 이런 사고가 일어났다며 펜션관리인을 화학법정에 고소했다.

추운 날 더운물을 유리창에 부으면
앞이 보이지 않을 정도로 김이 서린답니다.

유리창의 눈을 녹이려고 더운 물을 부으면 유리에 김이 많이 서릴
까요? 화학법정에서 알아봅시다.

화학짱 판사

화치 변호사

켐스 변호사

재판을 시작합니다. 피고 측 변론하세요.

그때 김무드 씨의 차는 눈이 유리에 얼어붙어 떼어내지
않으면 앞을 전혀 볼 수 없어 운전을 할 수 없는 상태였습니
다. 그런 상황에서 펜션관리인이 눈을 녹이기 위해 더운 물을
부은 것은 필요한 조치였습니다. 그런데 유리창에 김이 서린
것은 히터를 켠 차 안과 밖의 온도차가 크기 때문이라고 생각
합니다.

원고 측 변론하세요.

김기화 씨를 증인을 요청합니다.

김기화 씨가 증인석에 앉았다.

증인이 하는 일을 간단하게 소개해 주세요.

저는 물질의 상태변화에 대한 연구를 하고 있습니다.

더운물로 차 유리창의 눈을 녹이면 김이 서릴 수 있습
니까?

물론입니다.

왜 그런 거죠?

👩 지금 사건의 경우 차 유리창에 붙은 눈을 더운물을 부어 녹였습니다. 눈은 더운물이 준 열에너지 때문에 온도가 올라 액체인 물로 변했지요. 이제 차 유리창에는 더운물이 묻어 있습니다.

👨 더운물은 기화되어 수증기가 되지 않나요?

👩 그러기에는 밖의 날씨가 너무 차갑다는 거죠. 그러니까 유리창의 물의 온도가 내려가서 제대로 기화되지 못하고 작은 물방울이 되어 유리창 앞에 맺히는 겁니다. 이런 걸 김이 서린다고 하지요.

👨 이번 사건은 펜션관리인이 도와주려고 한 것이 오히려 김무드 씨의 운전에 방해를 준 사건입니다. 물론 펜션관리인은 좋은 의도로 더운물을 부었지만 주위의 온도가 물이 기화되어 수증기로 증발하기에는 너무 낮았습니다. 이로 인해 안전운전을 할 수 없었던 김무드 씨는 사고를 낼 수 밖에 없었으므로 이 사고에 대해 펜션관리인의 책임이 크다고 할 수 있습니다.

👨 판결합니다. 화학적으로만 따지면 펜션관리인의 과실이 크다고 여겨집니다. 하지만 김이 서려 앞이 제대로 보이지 않은 차를 몰고 계속 도로를 달린 김무드 씨의 부주의함이 더 크다고 생각합니다. 그러므로 원고가 입은 재산 피해에 대해 펜션관리인은 책임이 없지만 두 사람의 화해를 위해 앞으로

10년 동안 김무드 씨가 1년에 3일 펜션을 무료로 사용할 수 있도록 할 것을 판결합니다.

재판이 끝난 후 두 사람은 화해했다. 김무드 씨의 차는 보험 처리되었고 다음 여름 김무드 씨 가족은 다시 별빛고운언덕을 찾았다. 김무드 씨의 가족과 펜션관리인은 밤하늘의 별을 보며 펜션 앞에서 술잔을 주고받으며 서로 살아온 얘기를 나누었다.

드라이아이스 콜라는 위험해

드라이아이스를 손으로 만지면
어떻게 될까요?

사건 **속으로**	콜 시티에는 콜라를 좋아하는 사람들이 많이 모여 살았다. 그러다 보니 다양한 콜라 카페들이 많았다. 그중 드라이콜라카페는 젊은이들 사이에 가장 인기 있는 콜라 카페였다. 이 카페에서 콜라를 시키면 드라이아이스가 밑에 들어 있는 유리컵 위에 콜라를 담아서 주었다. 그러다 보니 드라이아이스에서 나오는 연기가 조명을 받아 아름다운 색깔로 빛났다.

이런 점 때문에 이 카페는 콜라 데이트를 즐기려는 젊은이들로 붐볐다.

콜 시티에 사는 대학생 이골나 군도 콜라라면 사족을 못쓰는 콜라 마니아였다. 그는 여자 친구 사이다 양과 드라이콜라카페에 갔다.

그리고 드라이아이스 콜라 500cc를 시켰다. 잠시 후 콜라가 드라이아이스가 들어 있는 유리컵에 담겨 나왔다. 두 사람은 콜라를 사이에 두고 사진을 찍으려고 했다.

이골나 군이 너무 서두르다가 콜라를 담은 유리컵이 바닥에 떨어졌다. 그 순간 드라이아이스가 깨진 유리컵 사이로 빠져나와 맨발에 샌들을 신고 있던 사이다 양의 발에 닿았다.

순간 사이다 양의 발은 마치 화상을 입은 것처럼 검게 변해버렸다. 사이다 양은 동상으로 병원에 입원했고 이골나 군은 콜라 카페에 책임이 있다며 드라이콜라카페를 화학법정에 고소했다.

드라이아이스의 온도는 78.5도로 엄청나게 차가워요.
그러니 드라이아이스를 만지거나 살에 닿게 하면 심한 동상을 입게 되는 것이죠.

드라이아이스는 고체에서 액체를 거치지 않고 바로 기체로 되나요? 화학법정에서 알아봅시다.

🧑‍⚖️ 피고 측 말씀하세요.

👩 우리는 깨진 유리조각에 발을 다칠 수도 있고 뜨거운 물에 화상을 입을 수도 있습니다. 이런 것을 사고라고 하죠. 이번 사건은 이골나 군의 실수로 유리컵 속의 드라이아이스가 튀어나와 사이다 양의 발에 동상을 입힌 사고입니다. 그러므로 이 사고에 대한 책임은 모두 이골나 군에게 있다는 것이 본 변호사의 생각입니다.

🧑‍⚖️ 원고 측 변론하세요.

👨 요오드연구소의 정승화 연구원을 증인으로 요청합니다.

정승화 연구원이 증인석에 앉았다.

👨 이번 사건에 대해 어떻게 생각하십니까?

🧑 드라이아이스가 너무 차가워 사이다 양이 동상을 입은 것 같습니다.

👨 드라이아이스가 얼마나 차가운가요?

🧑 드라이아이스는 고체 상태의 이산화탄소입니다. 이산화탄소는 고체 상태인 드라이아이스에서 온도가 올라가면 바로

기체인 이산화탄소가 됩니다. 이렇게 고체에서 액체를 거치지 않고 기체로 변하는 상태변화를 승화라고 하죠.

😳 온도는 말씀 안 해주셨는데요.

😀 아참, 그렇군요. 드라이아이스는 영하 78.5도에서 기체인 이산화탄소로 변합니다. 그러니까 드라이아이스의 온도는 영하 78.5도 이하가 되는 것입니다.

😳 엄청나게 차갑군요.

😀 그렇습니다. 그래서 드라이아이스는 맥주나 콜라와 같은 음료를 시원하게 유지시키거나 아이스크림을 오랫동안 안 녹게 하는 데 사용하죠.

😳 그렇다면 드라이아이스를 잘 깨지는 유리컵 속에 넣어 두는 것은 위험하군요.

😀 물론입니다.

😳 드라이아이스의 온도는 차가운 얼음의 온도와는 비교가 안 되는 영하 78.5도입니다. 이 정도로 차가운 온도와 접촉하는 경우 사람은 치명적인 동상을 입게 됩니다. 그럼에도 불구하고 드라이아이스를 잘 깨지는 유리컵 속에 넣어두었다는 것은 카페 주인이 손님의 안전을 고려하지 않은 행동이라고 생각합니다.

😎 판결합니다. 드라이아이스가 고체 이산화탄소이고 그 온도가 영하 78.5도 이하로 우리가 상상할 수 없을 정도로

차갑다는 점 인정됩니다. 뜨거운 숯불 근처에서 사람들은 조심합니다. 하지만 유리컵에 콜라를 들고 가다가 다른 사람들과 충돌하여 컵이 깨지는 일은 종종 일어나는 일입니다. 만일 플라스틱과 같이 떨어뜨려도 깨지지 않는 컵 속에 드라이아이스가 있었다면 차가운 드라이아이스에 사이다 양이 동상을 입는 일은 없었을 것입니다. 그러므로 드라이콜라카페는 사이다 양에게 병원비와 정신적 위자료를 지급할 것을 판결합니다.

재판 후 드라이콜라카페에서는 사이다 양이 입원해 있는 병원에 찾아가 그녀와 이골나 군에게 정중하게 사과하고 병원비를 지불했다. 그리고 드라이콜라카페에서는 모든 유리컵을 플라스틱컵으로 교체했다. 이제 사람들은 안심하고 드라이아이스 콜라를 마실 수 있게 되었다.

온도에 따라 변하는 물질

물질은 고체, 액체, 기체의 세 가지 상태가 있어요. 물을 예로 들면 고체 상태일 때는 얼음, 액체 상태일 때는 물, 기체 상태일 때는 수증기라고 부르죠. 물은 이렇게 세 가지 상태를 모두 가지고 있지요. 하지만 세 가지 상태를 모두 가지지 않는 물질도 있어요. 예를 들어 헬륨은 보통의 온도에서는 기체로 있다가 -269℃에서 액체로 변하지요. 하지만 고체 상태의 헬륨은 어떤 온도에서도 존재하지 않습니다.

물질의 상태는 온도와 밀접한 관계가 있습니다. 그러니까 어떤 온도에서는 고체 상태이고, 어떤 온도에서는 액체 상태가 되지요. 예를 들어 물의 경우 0℃ 이하에서는 고체 상태인 얼음이 되고 100℃ 이상에서는 기체 상태인 수증기가 됩니다.

고체 상태의 물질은 온도가 올라가면 액체 상태의 물질로 바뀌는데 그것을 '녹음'이라고 합니다. 그러니까 날씨가 더워서 얼음이 녹아 물이 되는 것이 그 예입니다. 이때 고체 물질이 액체가 되는 온도는 물질에 따라 다른데 그것을 물질의 '녹는점'이라고 합니다. 그러니까 물의 녹는점은 0℃가 되겠죠.

액체 상태의 물질이 온도가 더 올라가면 기체 상태의 물질

물은 0℃ 이하에서는 얼음이 되고
100℃ 이상에서는 수증기가 된답니다.

이 되는데 그것을 기화라고 하고, 이때의 온도를 '기화점'이라고 합니다. 물의 기화점은 100℃입니다.

일반적으로 모든 물질은 온도가 올라감에 따라 고체, 액체, 기체로 상태가 변합니다. 그런데 어떤 물질은 액체 상태를 거치지 않고 바로 기체로 변하는 물질이 있습니다. 이렇게 액체 상태를 거치지 않고 기체가 되는 것을 승화라고 부르는데, 이런 물질로는 드라이아이스나 요오드 같은 물질들이 있습니다. 고체 상태의 이산화탄소인 드라이아이스는 고체에서 바로 기체 이산화탄소로 승화되기 때문에 콘서트에서 가짜 안개를 만들 때 사용하기도 합니다.

제4장

금속에 대한 사건

비스무트에 대한 사건_어머 흑인이 되었어요
비스무트로 만든 화장품은 어떤 성질을 가지고 있을까요?

납중독의 위험_납을 빨고 있는 아이들
어린아이들이 인형을 입으로 빠는 것은 위험할까요?

어머 흑인이 되었어요

비스무트로 만든 화장품은
어떤 성질을 가지고 있을까요?

| 사건
속으로 | 비스무리 시는 과학공화국에서 비스무트가 가장 많이 생산되는 곳이다. 그래서 이곳 사람들은 비스무트를 이용한 여러 가지 제품을 만들어 많은 소득을 올리고 있다. |

비스무리 시는 과학공화국에서 비스무트가 가장 많이 생

산되는 곳이다. 그래서 이곳 사람들은 비스무트를 이용한

여러 가지 제품을 만들어 많은 소득을 올리고 있다.

전깜시 씨는 최근 이곳으로 이사 와 새로운 사업을 구상하

다가 비스무트를 섞은 펄화이트라는 화장품을 개발했다.

펄화이트는 피부를 희고 반짝거리게 하여 여자들로부터

인기를 끌었다. 그리하여 펄화이트는 과학공화국 최고의

인기 화장품이 되었다.

얼굴이 검은 여자들이 많이 살기로 유명한 껌스 마을에도 이 소문이 퍼졌다. 마을 부녀회장인 나껌스 아주머니는 동네 아주머니들을 모았다.

"혹시 펄화이트라는 화장품을 아세요?"

"광고에서 봤어요. 얼굴이 하얗게 된다는데……."

"정말로요? 나는 매일 감자 마사지를 해도 희어지지 않던데……."

"그럼 우리도 그 화장품을 사용해 봐요."

"그럴까요?"

이리하여 껌스 마을의 여자들은 인터넷쇼핑몰에서 펄화이트를 주문하여 매일 얼굴에 발랐다. 다른 화장품을 바를 때보다 얼굴이 하얘지는 것 같았다.

새로운 화장품에 만족한 껌스 마을 여자들은 유황 온천으로 유명한 설퍼온천으로 여행을 갔다. 온천욕을 하고 나온 마을 여자들은 탈의실 거울에 비친 자신들의 얼굴을 보고 모두 깜짝 놀랐다. 그들의 얼굴이 전보다 더 시커멓게 변해 있었기 때문이었다. 껌스 마을 여자들은 이 책임이 펄화이트 화장품에 있다며 화장품 회사를 화학법정에 고소했다.

화장품의 원료로 쓰인 비스무트가 유황 온천물의 황화수소와 만나
화학반응을 일으켜서 얼굴이 검게 변했어요.

껌스 마을 여자들의 얼굴이 시커멓게 변한 이유는 무엇일까요? 화학법정에서 알아봅시다.

재판을 시작합니다. 피고 측 말씀하세요.

껌스 마을 여자들은 원래 얼굴이 검은 편이었습니다. 펄화이트는 검은 피부를 가려주는 역할을 하지, 피부색 자체를 바꿀 수는 없습니다. 그러므로 펄화이트에 있는 비스무트가 여자들의 얼굴을 더 검게 만들었다는 원고 측의 주장은 근거가 없다고 생각합니다.

원고 측 변론하세요.

화학화장품 기술개발실의 이비수 실장을 증인으로 요청합니다.

이비수 실장이 증인석에 앉았다.

증인이 하는 일을 간단히 설명해 주십시오.

화장품의 재료를 연구하고 있습니다.

비스무트가 화장품의 재료로 쓰입니까?

과거에는 얼굴을 하얗게 해주고 윤기가 나게 한다고 해서 사용했지만 지금은 잘 사용하지 않습니다.

이유가 뭐죠?

비스무트가 들어있는 화장품을 바르면 가끔 얼굴이 부들부들 떨리는 경련 증세가 일어나고 마비를 일으키기도 하기 때문이죠.

유황 온천에 들어간 여자들의 얼굴이 검게 변한 것도 비스무트와 관계있습니까?

물론입니다. 비스무트가 유황 온천물과 화학반응을 일으키기 때문이죠.

좀 더 구체적으로 말씀해 주시겠습니까?

유황 온천물에는 황화수소가 포함되어 있습니다. 그런데 비스무트 화장품을 바르고 들어가면 비스무트와 황화수소가 화학반응을 일으켜 황화비스무트가 됩니다. 바로 황화비스무트가 검은색을 띠기 때문에 얼굴이 검게 되는 것입니다.

화장품을 판매할 때는 화장품의 성분 중 특히 조심해야 할 것이나 피해야 하는 것을 알려주어야 합니다. 하지만 펄화이트에는 그런 주의사항이 전혀 없었습니다. 만일 펄화이트를 바르고 유황온천에 들어가지 말라는 주의사항이 있었다면 그것을 무시하고 온천욕을 한 껌스 마을 여자들에게 책임이 있지만 이번 사건의 경우는 그런 주의사항이 없었으므로 펄화이트의 개발자인 전깜시 군에게 모든 책임이 있다고 봅니다.

판결합니다. 화장품의 재료와 유황 온천 속에 있는 물질이 어떤 화학반응을 일으키는지를 일반인은 알 수 없습니다. 그러므로 화장품 개발자는 혹시라도 문제를 일으킬지 모르는 화학반응에 대해 소비자들에게 주의를 줄 필요가 있다고 생각합니다. 따라서 비스무트와 유황 온천의 황화수소가 반응하여 검은색의 황화비스무트를 만든다는 것은 화장품 회사의 화학자들이 알고 있었을 것이라고 생각되어 이번 사건에 대한 모든 책임이 피고 전깜시 씨에게 있다고 판결합니다.

재판 후 전깜시 씨는 껌스 마을 여자들의 피부가 다시 하얗게 변할 때까지 모든 노력을 아끼지 않았다. 그리고 펄화이트라는 화장품은 사람들의 기억 속에서 사라지고 더 이상 비스무트를 사용하는 화장품은 나오지 않았다.

납을 빨고 있는 아이들

어린아이들이 인형을
입으로 빠는 것은 위험할까요?

**사건
속으로**

최근에 과학공화국의 아이들 사이에서 최고의 인기를 누리는 장난감 강아지가 있다. 그 강아지의 이름은 미꾸였는데, 아이들이 좋아할 만한 예쁜 색감으로 눈, 코, 입이 아주 코믹하게 그려져 있어 모든 아이들의 사랑을 독차지했다.

미꾸는 디자인이 예쁠 뿐 아니라 아이들이 좋아할 만한 또 하나의 중요한 기능이 있었다. 건전지로 움직이는 미꾸는 아이들이 뽀뽀해 주면 "아이 러브 유"라고 말하면서 큰 두 눈을 깜박거렸다.

아이들은 미꾸의 그런 표정을 너무 좋아했다. 그러다 보니 아이들은 미꾸를 껴안고 자고 아침에 눈을 뜨자마자 미꾸에게 뽀뽀 세례를 퍼부었다.

그런데 미꾸가 시판되고 나서부터 부쩍 과학공화국의 아이들이 두통으로 고생하고 아이들의 지능지수가 낮아지기 시작했다.

두 아이를 키우는 고중독 씨는 아무래도 미꾸 때문에 아이들에게 이런 일이 발생한 것 같다며 미꾸를 만든 장난감 회사를 화학법정에 고소했다.

납은 독성이 있는 물질이랍니다.
그래서 장난감에 납을 시용하는 것은 아주 위험합니다.

여기는
화학법정

미꾸에 어떤 문제가 있기에 아이들의 지능이 낮아졌을까요? 화학
법정에서 알아봅시다.

화학짱 판사

 피고 측 말씀하세요.

 장난감 하나 때문에 아이들의 지능지수가 낮아진다는
것은 말도 안 됩니다. 아마도 아이들이 컴퓨터에 중독되었거
나 책을 너무 안 읽어서 집중력이 낮아진 것이라고 생각되는
군요.

화치 변호사

피고 측 말씀하세요.

원고 측 말씀하세요.

Pb연구소의 김납중 박사를 증인으로 요청합니다.

켐스 변호사

김납중 박사가 증인석에 앉았다.

증인은 이번 사건이 일어난 후 미꾸를 검사했죠?

저희 Pb연구소에서 검사했습니다.

어린이들의 지능지수가 낮아진 것과 미꾸와 관계가 있
습니까?

물론입니다. 저희가 조사한 바로는 미꾸의 얼굴에서 다
량의 납 성분이 검출되었습니다.

납이 장난감 인형에 쓰이는 이유가 무엇이죠?

인형에 칠하는 페인트나 물감에는 납이 사용되고 있습

니다.

납이 어린아이들의 지능지수를 떨어뜨린다는 건가요?

그렇습니다. 납의 독성 때문이죠. 특히 납은 뇌와 신경계에 나쁜 영향을 주기 때문에 어린아들이 납중독이 되면 지능지수가 낮아지고 주의력이 저하되고 청각이 약해지고 성장이 잘 안되거나 성격이 포악해지기도 합니다. 그리고 납중독이 더욱 심해지면 이삼 일 이내에 사망할 수도 있습니다.

증인의 말처럼 납은 자라나는 아이들의 뇌와 신경계를 마비시킬 수 있기 때문에 아이들의 장난감에 어쩔 수 없이 사용할 때는 가능한 적게 사용해야 합니다. 또한 납을 사용했다는 것을 설명서에 써서 아이들이 장난감을 빨지 못하도록 해야 할 것입니다. 미꾸를 만든 장난감 회사가 그러한 주의를 주지 않아 아이들의 뇌와 신경에 장애를 일으켰으므로 이번 사건의 책임은 모두 미꾸를 만든 장난감 회사에 있다고 본 변호사는 주장합니다.

판결합니다. 점점 갈수록 카드뮴, 납, 수은과 같은 중금속 문제가 심각해지고 있습니다. 전지에 사용되는 수은은 분리수거를 통해 그 피해가 점점 줄어들고 있지만 페인트나 물감에 쓰이는 납으로 인한 어린아이들의 피해 사례가 늘어나고 있습니다. 중금속의 공포로부터 아이들을 보호한다는 차원에서 이번에 문제가 된 미꾸를 모두 수거하고 앞으로 미꾸와 같이 납을 많이 포함한 장난감의 판매를 금지할 것을 판결합니다.

과학공화국 전역으로부터 수많은 미꾸들이 수거되었다. 그리고 미꾸를 만든 장난감 회사는 부도로 망했다. 이번 사건으로 많은 장난감 회사들이 장난감에 중금속을 사용하지 않으려는 연구를 하게 되었다.

무시무시한 금속

금속은 우리가 사는 공간에 없어서는 안 될 중요한 물질입니다. 가장 흔하면서도 건물을 지을 때 제일 많이 사용되는 철을 비롯해 유리창 틀을 만드는 알루미늄 등 금속은 우리 주위에서 흔히 볼 수 있습니다. 이런 금속들 중에 반짝반짝 빛나며 흔하지 않은 금속을 귀금속이라고 부르죠.

하지만 모든 금속이 안전한 것은 아니에요. 우리 몸에 조금만 들어가도 병을 일으키는 금속이 있어요. 그래서 특별히 잘 보관해야 하는데 그런 금속을 중금속이라고 부릅니다. 그럼 어떤 금속들이 무시무시한 금속인지 알아볼까요?

납은 장난감을 칠하는 페인트를 만들 때 사용되지요. 그러니까 장난감을 입으로 자꾸 빨면 몸에 좋지 않지요.

수은은 온도계나 전지, 살충제 등에 쓰이는데 수은에 중독되면 뇌, 간에 치명적인 병을 일으키고 심할 경우에는 시력이나 청각이 손상될 수 있습니다. 그러니까 수은 전지는 정해진 곳에 버려야 합니다.

카드뮴은 파란색을 띠는 광택이 나는 금속으로 전지를 만들 때 쓰입니다. 카드뮴이 사람 몸속에 쌓이면 뼈를 구성하는 주

금속 중에 중금속이 들어 있는 제품은 조심해서 다뤄야 합니다.

성분인 칼슘의 활동을 방해하지요. 그러니까 카드뮴에 중독되면 뼈가 약해져서 잘 걷지 못하게 되지요.

새로운 금속

세상에는 무시무시한 금속만 있는 것이 아니라 우리에게 즐거움을 주는 금이나 은과 같은 귀금속도 있고, 또한 산업현장에서 기계를 만드는 데 쓰이는 아주 유용한 금속들도 많습니다.

금속에 대한 활발한 연구를 통해 과학자들은 모양이 변한 뒤에도 자신의 모양으로 되돌아가는 성질이 있는 형상기억합금을 발명했지요. 주로 사용하는 형상기억합금은 니켈과 타이타늄을 반반씩 섞어 만드는데 이것은 어떤 충격에 의해 모양이 변했다가도 다시 온도를 일정 온도 이상으로 올려주면 원래의 모습으로 되돌아갑니다.

그럼 형상기억합금은 어디에 사용될까요? 우리가 흔히 사용하는 핸드폰의 안테나나 고급 안경테는 형상기억합금으로 되어 있어 외부에서 힘을 가해도 휘어지지 않고 원래의 모양을 유지하는 성질이 있습니다.

　형상기억합금과 더불어 놀라운 금속은 초전도 금속입니다. 초전도란 전기의 저항이 거의 0에 가까워지는 현상인데, 금속을 아주 차가운 온도로 냉각시키면 이런 현상이 나타나게 됩니다. 그런 경우 초전도 금속으로 전선을 만들면 저항에 의한 손실 없이 전류를 보낼 수 있어 전기에너지를 많이 절약할 수 있습니다. 금속이 초전도 현상을 가지는 온도는 금속에 따라 다릅니다. 예를 들어 수은은 -269℃에서 초전도 금속이 됩니다.

제5장

밀도에 관한 사건

밀도의 정의_ 부피가 중요한 이유

솜이 철보다 무거울 수 있을까요?

밀도_ 둥둥 뜨는 수영장

저절로 물에 뜰 수 있는 수영장이 있을까요?

부피가 중요한 이유

솜이 철보다 무거울 수 있을까요?

**사건
속으로**

과학공화국 중부의 덴 시티는 화학을 좋아하는 사람들이 많이 모여 살고 있다. 그들은 화학카페에서 차를 마시며 화학에 대해 얘기하는 것을 즐겼다.

그런 소문 때문에 덴 시티에는 화학에 관심 있는 사람들이 몰려들기 시작했다.

이런 사실을 알아차린 CBC 방송에서는 주말 황금시간대에 화학 퀴즈 왕을 뽑는 '생방송 화학이 좋다'는 퀴즈프로를 신설했다. 인기 사회자인 임성분 씨가 이 프로의 진행을 맡았다.

덴 시티의 솜 공장에서 일하는 한화솜 씨는 매일 엄청난 부피의 솜을 트럭에 싣는 일을 하고 있다. 그는 화학 문제라면 자다가도 벌떡 일어나서 풀 정도로 화학을 좋아하는 사람이다. 그는 인터넷을 통해 참가 신청을 하여 출연을 하게 되었다.

이 프로는 두 사람이 사회자 앞에 나와 먼저 문제를 맞추는 사람이 올라가는 토너먼트 방식이었다. 한화솜 씨는 가볍게 예선을 통과해 결승에 오르게 되었다.

결승에서 대결할 사람은 같은 동네 철강소에 근무하는 조철강 씨였다. 그는 20년째 철로 된 장비를 만드는 대장장이였다. 임성분 사회자가 말했다.

"이제 이 한 문제로 이번 주 화학 왕이 결정되는군요. 그럼 마지막 문제를 내겠습니다. 다음 중 가장 무거운 것은 1번 솜, 2번 나무, 3번 철."

그때 조철강 씨가 부저를 눌렀다.

"3번 철입니다."

"정답입니다. 이번 주 화학 왕은 조철강 씨입니다."

화학 왕은 조철강 씨에게 돌아갔다. 낙심하여 회사로 돌아온 한화솜 씨는 퀴즈대회 때문에 밀린 일을 해야 했다.

한화솜 씨는 수북히 쌓여 있는 솜을 트럭에 옮겼다. 솜이 너무 무거워서 한화솜 씨는 솜 아래 깔리게 되었다. 그때 한화솜 씨는 솜도 무거울 수 있다는 것을 깨달았다. 그리고 그는 방송국에서 틀린 정답으로 우승을 놓쳤다며 방송국을 화학법정에 고소했다.

솜도 부피가 커지면 철보다 무거울 수 있어요.

부피가 다른 두 물체에 대해 공평하게 무겁고 가벼운 정도를 비교하는 방법은 없을까요? 화학법정에서 알아봅시다.

화학짱 판사

🧑‍⚖️ 재판을 시작합니다. 피고 측 말씀하세요.

🧑 철이 솜보다 무겁다는 것은 어린아이도 아는 사실입니다. 어떻게 솜이 더 무거울 수 있다는 건지 본 변호사는 원고 측의 주장이 너무 억지스럽다고 생각합니다. 그러므로 본 재판은 성립되지 않는다고 여겨지므로 이 재판은 없던 걸로 해 주시기 바랍니다.

화치 변호사

🧑‍⚖️ 재판이 시작되었으니 끝은 봐야지요. 원고 측 말씀하세요.

🧑 밀도연구소 소장인 진조밀 박사를 증인으로 요청합니다.

켐스 변호사

진조밀 박사가 증인석에 앉았다.

😳 증인이 하는 일을 간단하게 설명해 주시기 바랍니다.

🧑 저는 모든 물질의 밀도를 연구하고 있습니다.

😳 밀도가 무엇인가요? 자세히 설명해 주세요.

🧑 밀도는 물체의 질량을 부피로 나눈 것입니다.

😳 왜 부피로 나누죠?

🧑 같은 조건을 만들어 비교하기 위해서입니다.

👓 좋습니다. 그럼 철이 솜보다 항상 무겁다는 것은 사실입니까?

🧑 그렇지 않습니다. 부피에 따라 달라집니다.

👓 철이 솜보다 가벼울 수 있다고요?

🧑 실험을 보시죠.

진조밀 박사는 양팔저울을 가지고 나왔다. 그리고 조그만 쇠구슬과 큰 덩치의 이불솜을 두 접시에 올려놓았다. 놀랍게도 솜뭉치를 올려놓은 쪽이 내려갔다.

👓 솜이 더 무겁군요.

🧑 그렇습니다. 솜도 부피가 커지면 철보다 무거워질 수 있습니다. 지금처럼 말이죠. 그러니까 질량은 물질을 구별하는 기준이 될 수 없습니다. 어떤 물질이라도 많이 모이면(부피가 커지면) 질량이 커질 테니까요.

👓 그렇군요. 그럼 물질을 구별하는 기준이 되는 것은 무엇이죠?

🧑 부피를 똑같이 만들어서 그 질량을 비교해 보는 것입니다. 만일 같은 부피의 솜과 철을 비교하면 철이 훨씬 무겁습니다. 그래서 화학자들은 부피가 1cm³일 때 물질의 질량(g)을 그 물질의 밀도라고 부릅니다. 그러니까 물질의 밀도는 물

질을 이루는 분자들이 얼마나 조밀하게 배열되어 있는가를 나타내는 양이죠. 조밀하게 배열될수록 같은 부피에 대한 질량이 커지거든요.

아하, 그러니까 물질의 질량을 부피로 나누면 부피가 1cm³일 때의 물질의 질량이 되어 물질의 밀도가 나오는군요.

그렇습니다.

이번 사건은 방송국의 퀴즈 문제 출제자가 밀도와 질량을 구별하지 못하여 이루어진 일입니다. 과학적인 문제는 상식으로 얘기하는 것이 아니라 정확한 과학적 정의에 의해 주어져야 합니다. 흔히 '무겁다'라는 표현은 질량이 큰 것을 나타내지 밀도가 큰 것을 나타내지는 않습니다. 그러므로 솜의 부피는 아주 크고 철의 부피가 아주 작다면 솜이 더 무거울 수 있는 것입니다. 그러므로 이번 퀴즈의 결승전 결과는 한화솜 씨의 주장대로 무효임을 주장합니다.

판결합니다. 최근 많은 방송국에서 과학과 관련된 퀴즈 문제를 내고 있는데 문제나 답이 애매모호한 일이 있습니다. 방송이, 그것도 인기 방송이 시청자들에게 끼치는 영향을 생각할 때 잘못된 문제로 인해 과학을 그릇되게 가르친다면 그것은 방송국이 책임져야 할 문제라고 생각합니다. 그런 의미에서 원고인 한화솜 씨의 주장에 정당성이 보이므로 결승전은 재경기를 치르도록 결정하겠습니다.

재판 후 방송국은 시청자들에게 사과방송을 했다. 그리고 한화솜 씨와 조철강 씨의 재대결이 이루어져 한화솜 씨가 우승했다. 그 후 방송국마다 과학 계통의 대학원 졸업자를 대거 채용하기 시작했다.

둥둥 뜨는 수영장

저절로 물에 뜰 수 있는
수영장이 있을까요?

사건 속으로	이수영 씨는 과학공화국 중서부의 케믹 시티에서 수영강사를 하고 있다. 이수영 씨는 어릴 때부터 바닷가에서 살아 수영에는 자신이 있었고, 그것이 인연이 되어 사람들에게 수영을 가르치고 있는 것이다.

이수영 씨의 친절한 지도 덕분에 케믹 시티의 많은 아주머니들이 그에게 강습을 받기 위해 몰려들었다. 그래서 그의 강습을 받기 위해서는 예약을 하고 몇 달씩 기다려야 했다. 그런데 어느 날부터인가 수강생들이 나오지 않았다. 그

다음 날도, 또 그 다음 날에도 수강생들은 보이지 않았다. 이를 이상하게 여긴 이수영 씨는 수강생 중 한 명인 함떠봐 아주머니에게 전화를 걸었다.

"여보세요. 함떠봐 씨죠?"

"누구시죠?"

"저 수영 강사 이수영인데요."

"그런데요?"

"왜 수영장에 안 나오시는지 궁금해서요."

"이수영 씨는 신문도 안 보나요? 요즘 누가 수영을 배우려 하겠어요."

이수영 씨는 최근의 신문을 뒤적거렸다. 그때 이수영 씨는 다음과 같은 전면광고를 보고 깜짝 놀랐다.

화제의 야외수영장 둥둥떠 수영장!!
이제 수영기술은 필요 없다!!
물에 저절로 뜨는 수영장 케믹 시티에 오픈!!

다년간 수영을 지도해왔고 수영에 대한 논문을 쓴 적도 있는 이수영 씨는 믿을 수 없었다. 이수영 씨는 둥둥떠 수영장이 허위 광고를 하고 있다며 화학법정에 고소했다.

물에 소금을 넣으면 밀도가 커지게 됩니다.
그래서 소금물에서는 수영을 하지 않고도 물에 떠 있을 수 있는 것이랍니다.

여기는
화학법정

물에 뜬다는 것은 과학적으로 무엇을 말하나요? 화학법정에서 알아봅시다.

화학짱 판사

재판을 시작합니다. 원고 측 변론하세요.

저절로 물에 뜬다는 것은 있을 수 없습니다. 수영을 배우고 몸의 균형을 잡는 훈련을 해야 뜰 수 있습니다. 저절로 물에 떠 있을 수 있다고 주장하는 둥둥떠 수영장의 광고는 허위 광고일 수밖에 없습니다.

피고 측 말씀하세요.

아르키메데스 연구소의 김부력 씨를 증인으로 요청합니다.

켐스 변호사

김부력 씨가 증인석에 나왔다.

증인이 연구소에서 하는 일을 말씀해 주십시오.

물에 뜨는 물체와 가라앉는 물체에 대한 연구를 하고 있습니다.

구명조끼를 입지 않고도 물에 떠 있을 수 있다는 것이 가능합니까?

그렇습니다. 물체가 물에 뜨는지 가라앉는지는 물과 물체의 밀도에 따라 결정됩니다.

그게 무슨 소리죠? 더 자세하게 말씀해 주시죠.

물보다 밀도가 작은 물체는 물에 뜨고 물보다 밀도가 큰 물체는 물에 가라앉게 되는 것이죠. 쇠공이 물에 가라앉는 건 쇠의 밀도가 물보다 크기 때문이고, 나무가 물에 뜨는 건 나무의 밀도가 물보다 작기 때문입니다.

그럼 사람의 밀도는 물의 밀도보다 큰가요?

물론입니다. 하지만 구명조끼를 입으면 물보다 밀도가 작아져 물에 뜰 수 있습니다.

그럼 둥둥떠 수영장에서 사람들이 구명조끼도 안 입었는데 물에 뜨는 이유는 무엇이죠?

둥둥떠 수영장의 물은 소금물입니다. 물 속에 소금이 많아지면 소금이 고체이기 때문에 밀도가 커지게 됩니다. 그래서 소금물의 밀도가 사람의 밀도보다 크게 되면 사람이 떠 있을 수 있습니다. 실험을 해 보겠습니다.

김부력 씨는 물통을 가지고 나왔다. 그리고 그곳에 계란을 놓았다. 계란은 물 속에 가라앉았다.

지금 계란이 가라앉는 것은 계란의 밀도가 물의 밀도보다 크기 때문입니다. 이제 계란을 물에 뜨게 해 보겠습니다.

김부력 씨는 물통 속에 소금을 부었다. 그리고 잘 저은 뒤 계란을 물에 넣었다. 계란은 가라앉지 않고 소금물 위에 떠 있었다.

🗣️ 보셨죠? 소금물이 계란의 밀도보다 크기 때문에 계란이 가라앉을 수 없는 것입니다.

🧑‍🦲 그럼 둥둥떠 수영장의 물은 소금물입니까?

🗣️ 그렇습니다. 저희가 조사하는 바로는 둥둥떠 수영장은 바닷물보다 훨씬 소금의 농도가 높은 아주 짠 소금물 수영장입니다. 그래서 사람들이 둥둥 떠 있을 수 있는 것입니다.

🧑‍🦲 둥둥떠 수영장은 소금물이 사람의 밀도보다 크다는 것을 이용하여 사람들이 수영을 못해도 가라앉지 않는 그런 수영장을 만든 것입니다. 이것은 밀도의 차를 이용하여 사람을 뜨게 한 것이지 다른 편법에 의해 사람이 떠 있는 것처럼 보이게 한 것이 아닙니다. 이에 둥둥떠 수영장이 허위 광고를 하지 않았다는 것은 분명합니다.

🦁 판결합니다. 사람에게 구명조끼를 입혀 물보다 밀도를 작게 하여 사람이 뜨게 하는 원리나 사람보다 밀도가 큰 소금물 속에서 사람을 뜨게 하는 원리가 같으므로 화학적으로 둥둥떠 수영장은 아무 문제가 없습니다. 하지만 물 대신 소금물을 사용한다는 점을 사람들에게 알릴 필요는 있다고 봅니다.

재판 후 둥둥떠 수영장은 자신들이 소금물을 사용하고 있다는 점을 추가하여 광고를 냈다. 그렇지만 사람들은 다시 수영을 배우려 했다. 그래서 이수영 씨에게 수영을 배우려는 사람들이 다시 몰려들었다.

밀도

　밀도는 어떤 물질이 무거운 물질인지를 따지기 위해 쓰는 양입니다. 아무리 가벼운 물질이라도 많이 모여 있으면 질량이 커지니까 똑같은 부피에 대한 질량을 비교하면 어떤 물질이 정말로 무거운 물질인지를 금방 알아볼 수 있겠죠.

　그래서 가로, 세로, 높이가 각각 1cm인 정육면체로 만들었을 때의 질량을 그 물질의 밀도라고 부르지요. 그러니까 물질의 밀도는 물질의 질량을 부피로 나눈 값입니다.

　어떤 물체는 물에 뜨고 어떤 물체는 가라앉습니다. 이것은 왜 그럴까요? 바로 밀도 때문입니다. 일반적으로 밀도가 작은 물질은 밀도가 큰 물질 위에 뜹니다. 예를 들어 나무는 물보다 밀도가 작아 물에 뜨고 철은 물보다 밀도가 크니까 물 속에 가라앉습니다.

　그렇다면 사람은 물보다 밀도가 클까요? 그렇습니다. 그러므로 사람은 물에 가라앉지요. 하지만 구명조끼를 입으면 물에 뜹니다. 구명조끼는 물보다 밀도가 훨씬 작은 공기로 채워져 있으니까 구명조끼를 입은 사람의 밀도는 물보다 작아지게 되는 것입니다.

구명조끼를 입으면 물보다 밀도가 작아져서 물에 뜰 수 있게 된답니다.

겨울에 강이 얼어붙으면 물 속의 물고기는 어디로 갈까요? 물고기는 얼음 밑의 물 속에서 헤엄치고 있습니다. 그럼 왜 물이 모두 얼지 않을까요? 그것은 얼음이 물의 밀도보다 작아서 물 위의 부분이 먼저 얼기 시작해 얼음이 어느 정도 두꺼워지면 차가운 공기가 물 속에 전달되는 것을 막아주기 때문입니다.

　그렇다면 물의 밀도는 어느 온도에서 가장 클까요? 물은 섭씨 4도에서 밀도가 가장 큽니다. 그러니까 물의 부피가 가장 작아지는 경우가 섭씨 4도라는 뜻이지요. 이 온도보다 올라가면 물의 부피는 커지게 되고, 영하로 내려가 얼음이 되어도 부피는 더 커지게 됩니다. 그러므로 섭씨 4도일 때 물의 부피가 가장 작아 최대의 밀도가 됩니다.

산화에 관한 사건

수소의 성질_ 위험한 수소 애드벌룬
수소를 채운 애드벌룬이 터지면 어떤 일이 벌어질까요?

빠른 산화의 조건_ 손난로의 폭발
손난로가 왜 갑자기 뜨거워졌을까요?

플로지스톤 이론_ 플로지스톤은 없다
플로지스톤 이론은 왜 사라졌을까요?

산소와 부패_ 달에서의 유통기한
달에서는 음식이 상하지 않을까요?

연소의 조건_ 산소가 필요해
지하에 고깃집이 있으면 안 되나요?

위험한 수소 애드벌룬

수소를 채운 애드벌룬이 터지면
어떤 일이 벌어질까요?

**사건
속으로**

과학공화국 서부의 작은 도시인 아톰 시티에 맛햄스라는
햄버거 가게가 생겼다. 맛햄스의 김버그 사장은 자신의
가게를 사람들에게 알리기 위해 이벤트를 준비했다.

그는 애드벌룬 제작업체인 하이드로 애드벌룬에 가게 홍
보용 애드벌룬을 제작 의뢰했다. 하이드로 애드벌룬은
수소를 채운 애드벌룬을 제작하는 회사였다. 수소는 공
기보다 가벼워서 잘 뜨기 때문에 애드벌룬을 만들기에
적당한 기체였다. 맛햄스의 개업 날 거대한 애드벌룬이

간판 위에 등장했고 애드벌룬에는 '햄버거 짱 맛햄스'라는 광고문구가 써 있었다.

김버그 사장은 애드벌룬이 그리 높이 떠 있지 않은 것이 조금 걸리기는 했지만 시원스럽게 큰 애드벌룬이 마음에 들었다.

잠시 후 신나는 음악과 이벤트 걸의 현란한 댄스와 함께 이벤트가 시작되었다. 개업 기념으로 햄버거가 무료인 탓에 많은 사람들이 줄을 서 있었다.

그때 딱따구리 한 마리가 애드벌룬 위에 앉았다. 많은 사람들이 딱따구리를 쳐다보았다. 갑자기 딱따구리가 길고 뾰족한 부리로 애드벌룬을 쪼았다. 순간 커다란 폭음과 함께 애드벌룬이 폭발했다.

이 사고로 맛햄스를 찾은 몇 명의 손님이 부상을 입었다. 그들의 병원비를 모두 물어준 김버그 사장은 애드벌룬 사고로 가게의 개업식이 엉망이 되었다며 하이드로 애드벌룬을 화학 법정에 고소했다.

이 수소 애드벌룬이 터지는 순간 도시는 내가 접수한다!

애드벌룬을 뜨게 하려면 공기보다 가벼운 기체인 수소나 헬륨을 넣어야 합니다.
그러나 수소는 폭발의 위험이 있으니 헬륨을 사용하는 것이 안전하답니다.

애드벌룬 속의 수소가 공기 중으로 나갈 때는 왜 폭발하나요? 화학 법정에서 알아봅시다.

화학짱 판사

화치 변호사

켐스 변호사

피고 측 변론하세요.

애드벌룬을 뜨게 하기 위해서는 그 속에 공기보다 가벼운 기체를 넣어야 합니다. 그래서 하이드로 애드벌룬 회사는 가장 가벼운 기체인 수소를 채워 넣은 것입니다. 이번 사건은 딱따구리에 의해 생긴 불행한 사건입니다. 비행기가 착륙을 하다가 까치들 때문에 사고가 나는 경우도 있습니다. 그 사고의 책임은 까치이지 그 누구도 아닙니다. 따라서 이번 사고의 책임은 딱따구리에게 있습니다.

원고 측 말씀하세요.

가벼운 기체를 주로 연구하는 경기체 교수를 증인으로 요청합니다.

호리호리한 체형의 경기체 교수가 증인석에 앉았다.

이번 사건의 원인은 무엇인가요?

수소를 채운 것이 문제입니다.

그게 무슨 말이죠?

애드벌룬은 공기보다 가벼운 기체를 채운 기구입니다.

그러다 보니 가장 가벼운 수소를 채워 넣으면 공중에 뜨게 되죠.

그런데 수소를 채우면 무엇이 문제란 말이죠?

수소는 아주 위험한 기체입니다.

어떻게 위험하죠?

간단한 실험을 보여드리겠습니다.

경기체 박사는 조그만 유리상자를 가지고 나왔다.

이 안에는 수소가 들어 있습니다.

그리고 다 꺼져 가는 성냥을 상자 속에 넣었다. 갑자기 큰 폭발음이 들리면서 유리상자가 산산조각이 났다. 법정에 있던 모든 사람들이 모두 피했다.

법정에 웬 폭탄입니까?

폭탄이 아니라 수소의 힘입니다.

무섭군! 계속하세요.

이번 사건처럼 수소가 공기 중으로 새어 나가면 수소와 산소가 아주 빠른 화학반응을 하게 되죠. 그로 인해 폭발이 일어나고 폭발에 의한 충격파가 초속 1900m의 엄청나게 빠른 속력으로 사방에 퍼지게 되죠.

수소 이외의 다른 기체를 쓸 수 없나요?

수소보다는 조금 무겁지만 공기보다 가벼운 헬륨 기체를 채우면 됩니다. 헬륨은 공기보다 가볍기 때문에 애드벌룬이 뜨고 설령 구멍이 나서 헬륨이 새어도 전혀 위험하지 않으니까요.

그렇습니다. 공기는 주로 질소와 산소로 이루어져 있습니다. 그러니까 질소와 산소의 혼합물인 공기보다 가벼운 기체로는 수소 말고도 헬륨이 있습니다. 헬륨은 다른 물질들과 좀처럼 화학반응을 하지 않기 때문에 안심하고 사용할 수 있는 기체입니다. 물론 공기보다 가볍기 때문에 헬륨을 채운 애드벌룬도 공중에 뜹니다. 그러므로 이번 사고는 안전한 헬륨을 쓰지 않고 위험한 수소를 사용하여 일어난 사고이므로 피고인 하이드로 애드벌룬에 책임이 있다고 봅니다.

판결합니다. 수소가 위험한 기체라는 점은 원고 측 증인의 실험을 통해 보았습니다. 그러므로 원고 측의 주장처럼 피고 측이 안전한 헬륨을 사용하지 않은 점이 인정되므로 피고인 하이드로 애드벌룬이 이번 사고에 책임이 있다고 판결합니다.

사고 후 수소를 채운 애드벌룬은 모두 사라졌다. 대신 그 자

리에 헬륨을 채운 애드벌룬이 떠올랐다. 그리고 하이드로 애
드벌룬은 간판을 헬륨 애드벌룬으로 바꾸었다.

손난로의 폭발

손난로가 왜 갑자기 뜨거워졌을까요?

**사건
속으로**

과학공화국의 겨울은 유난히 추운 편이다. 그것은 과학
공화국이 고위도 지방에 있기 때문이다. 그중에서도 노
쓰폴 시티는 과학공화국에서 가장 북쪽에 있어 다른 도
시보다 더욱 추웠다.

노쓰폴 시티 사람들은 생활수준이 낮아 대중교통을 많이
이용했다. 그러다 보니 걸어야 하는 일이 많았다.

노쓰폴 시티 사람들은 걸어다닐 때 손이 시려워서 주머
니에 손을 넣고 다녔다. 그래도 손이 시려운 건 마찬가지였다. 그래서 그들은 출근만 하면 난롯가에 가서 손을 녹이기 바빴다.

유난히 손이 잘 트는 회사원 김손터 씨는 노쓰폴 시티의 추운 날씨 때문에 고통스러웠다.

그날도 버스에서 내려 손을 호호 불며 회사로 걸어가는 김손터 씨는 회사 입구에 다음과 같이 써 있는 현수막을 보게 되었다.

노쓰폴의 추위 끝!
이제 여러분의 주머니에 난로를 넣고 다니세요.
– 손난로주식회사 –

추위를 많이 타는 노쓰폴 시민들에게 이보다 반가운 제품은 없었다. 손난로는 불티나게 팔리기 시작했다. 김손터 씨도 서둘러 손난로를 구입했다.

주머니 속이 훈훈해 지니까 손이 트지 않고 따뜻하게 다닐 수 있었다. 손난로가 시판되면서부터 아주 추운날에도 거리에는 많은 사람들로 붐볐다.

김손터 씨는 손난로 두 개를 바지 주머니에 넣고 거리를 활보했다.

그러던 어느 날 김손터 씨의 바지에서 연기가 모락모락 피어

났다. 주위 사람들이 알려줘 김손터 씨가 알았을 때는 이미 바지는 불타고 허벅지에 화상을 입은 후였다.

이 일로 김손터 씨는 불량 손난로 때문에 사고가 났다며 손난로주식회사를 화학법정에 고소했다.

철가루가 공기 중의 산소와
산화반응을 일으키면 열이 발생한답니다.

주머니 손난로의 원리는 무엇일까요? 화학법정에서 알아봅시다.

화학짱 판사

화치 변호사

켐스 변호사

피고 측 변론하세요.

주머니 손난로는 열이 그리 많이 발생하지 않습니다. 커다란 난로를 들고 다닌 것도 아닌데 바지에 불이 붙었다는 것은 이해가 되지 않습니다. 아마도 바지에 구멍이 나 있던 것이 아닌가 싶습니다.

원고 측 변론하세요.

화력 연구소의 지화력 소장을 증인으로 요청합니다.

얼굴이 빨개 열이 많아 보이는 지화력 소장이 증인석에 앉았다.

손난로의 원리를 설명해 주시겠습니까?

손난로는 철가루가 공기 중의 산소와 산화반응을 일으키는 원리를 이용한 것입니다.

산화반응이란 게 무엇이죠?

산소와 화합하는 것을 말하죠. 그러니까 물질이 타는 것도 또 금속이 녹는 것도 모두 산화반응이죠.

그런데 왜 이런 폭발사고가 일어난 거죠?

철이 산화되어 산화철이 되는 과정에서 열이 발생합니다. 그러니까 손난로 속의 철가루들이 산화할 때 발생하는 열 때문에 따뜻해지는 거죠.

그럼 주머니에 철 조각을 넣고 다니면 왜 안 따뜻한 거죠?

물체의 표면적이 넓으면 산소와 닿는 면적이 커지기 때문에 그만큼 산화반응이 활발하게 일어납니다. 그래서 커다란 철 덩어리보다는 미세한 철가루 분말의 산화반응이 눈에 띄게 빠르게 일어나죠. 그러니까 열도 많이 생기겠죠.

그렇다면 왜 이번 사건이 일어난 거죠?

지나치게 많은 철가루가 들어 있어 산화반응이 너무 빠르게 진행되었고, 이로 인해 아주 큰 열이 갑자기 발생했기 때문입니다.

그렇습니다. 이번에 문제가 된 손난로는 다른 회사의 제품에 비해 철가루의 양이 많았습니다. 그래서 철가루의 산화가 너무 빠르게 일어나 많은 열이 발생했고, 그로 인해 김손터 씨의 바지가 타고 화상을 입은 것입니다. 그러므로 손님의 안전을 생각하지 않은 손난로 제품을 만든 회사에서 김손터 씨가 입은 피해를 보상해야 한다고 주장합니다.

판결합니다. 최근 추운 겨울 때문에 손난로를 만드는 회사들이 늘어나고 있습니다. 그런 과정에서 산화연구소의 산화 열 테스트에 통과되지 않아 안전성을 확신할 수 없는 손난로들이 시장에 많이 나오고 있습니다. 이번 사건도 비슷한 경우라고 여겨지므로 김손터 씨의 피해를 회사에서 모두 보상하고 손난로주식회사는 산화연구소의 산화 열 테스트를 받는 것으로 결정합니다.

재판 후 손난로주식회사는 테스트를 받았다. 그리고 산화 열이 너무 많이 발생하여 사람들이 사용해서는 안 된다는 판정을 받았다. 손난로주식회사는 유능한 화학자를 입사시켜 산화연구소의 테스트를 통과한 제품을 생산했다.

플로지스톤은 없다

플로지스톤 이론은 왜 사라졌을까요?

**사건
속으로**

과학공화국 최대의 사건이 터졌다. 과학공화국에서는 최
근에 사이비 종교들이 많이 출현했는데, 그중 가장 인기
있는 종교는 플로지스톤 교라는 종교였다.

이 종교의 교주인 이수탈 씨는 플로지스톤이라는 물질이
사람 몸 속에 있으며 이것이 다 빠져나가면 죽음이 온다
는 교리로 많은 신도들을 모으고 있었다.

그는 모든 화학반응은 물질들 속의 플로지스톤이 빠져나
가는 과정이라고 주장했다. 어느 날 한 신도가 물었다.

"교주님 나무가 불에 타는 것은 무엇 때문인가요?"

"나무 속에 있던 플로지스톤이 빠져나가기 때문이지."

"뭐가 빠져나가는 거죠?"

"나무가 탈 때 연기가 하늘로 올라가지? 그게 바로 나무 속에 있던 플로지스톤이야."

"금속이 녹스는 것은요?"

"그것도 금속 속에 있는 플로지스톤이 빠져나가는 거야."

"아하, 그럼 사람이 죽으면 하늘로 올라가는 영혼도 사람 속에 있던 플로지스톤이군요."

"그렇지. 이렇게 눈에 안 보이는 플로지스톤도 있고 연기처럼 눈에 보이는 플로지스톤도 있느니라."

신도는 이수탈 교주의 깨우침을 받고 물러갔다.

얼마 후 나부제라는 화학자는 철이 녹슬었을 때 녹슨 철이 원래의 철보다 무겁다는 사실을 알아냈다. 그는 만일 철에서 플로지스톤이 빠져나가 철이 녹슬었다면 가벼워져야 하는데 그렇지 않다는 것을 알게 되었다. 이에 나부제 씨는 플로지스톤교의 교리는 옳지 않다며 이수탈 교주를 화학법정에 고소했다.

물질이 탈 때나 녹슬 때 물질로부터 빠져나간다는 플로지스톤이라는 물질은 없습니다.
화학반응을 일으키기 전과 후의 물질의 질량은 같기 때문이죠.

 플로지스톤 이론의 모순은 무엇일가요? 화학법정에서 알아봅시다.

화학짱 판사

 피고 측 변론하세요.

이수탈 씨를 증인으로 신청합니다.

화치 변호사

하얀 한복을 차려입은 이수탈 씨가 증인석에 앉았다.

 플로지스톤에 대해 좀 더 알기 쉽게 설명해 주시겠습니까?

켐스 변호사

 물질이 탈 때 나오는 것이라고 생각하면 됩니다.

 그럼 원래 물질 속에 있던 것인가요?

그렇습니다. 하지만 너무 태우면 플로지스톤이 모두 빠져나가 더 이상 타지 않는 재가 되는 것입니다.

그럼 본론으로 들어갑시다. 증인은 철이 녹스는 것이 철 속의 플로지스톤이 빠져나가는 것이라고 했습니다. 그런데 나부제 씨가 실험한 바에 의하면 녹슨 철이 더 무거웠습니다. 어떻게 플로지스톤이 빠져나가 녹슨 철이 되었는데 더 무거워질 수 있죠?

간단합니다. 플로지스톤의 질량은 음수입니다. 그러니까 음수를 빼면 오히려 더 커지지 않습니까? 3에서 -1을 빼면

4가 되니까요. 그리고 플로지스톤의 질량이 음수라는 또 다른 증거가 있습니다.

그건 뭐죠?

물질이 탈 때 나는 연기가 플로지스톤인데 그것은 위로 올라가지 않습니까? 만일 연기가 양의 질량을 가지고 있으면 아래로 떨어져야 하는데 음의 질량을 가지고 있어서 땅과의 반발력 때문에 위로 올라가는 것입니다.

원고 측 변론하세요.

나부제 씨를 증인으로 요청합니다.

날카로운 눈빛의 사내가 증인석에 앉았다.

우선 물질이 타거나 녹스는 현상에 대해 설명해 주십시오.

이수탈 씨의 말은 모두 뻥입니다.

어째서죠?

물질이 타는 것, 또는 금속이 녹스는 것은 공기 중의 산소와 화합하는 산화반응입니다. 그러니까 녹슨 철은 산소의 무게만큼 더 무거워지는 거죠.

모든 화학반응에서 질량은 보존됩니까?

그렇습니다. 화학반응을 하기 전 물질들의 질량의 총합과 반응한 후 만들어진 물질들의 질량의 총합은 항상 같습니다. 그러니까 플로지스톤 이론은 완전 엉터리입니다.

😳 물질이 탈 때, 또는 금속이 녹슬 때 물질로부터 빠져나가는 플로지스톤 같은 이상한 물질은 없습니다. 다만 눈에 보이지 않는 기체와 화합하는 현상이죠. **나부제 박사가 제출한 100개의 화학반응에서의 반응 전 질량과 반응 후 질량을 비교하면 완전히 일치한다는 것을 알 수 있습니다.** 그러므로 엉뚱하게 플로지스톤을 끌어들여 사람들을 속인 이수탈 씨는 유죄라고 생각합니다.

👨‍⚖️ 판결합니다. 원고 측이 제출한 나부제 씨의 100가지 화학반응 노트를 검토한 결과 모든 화학반응에서 질량이 달라지지 않는다는 점을 인정합니다. 그리고 음의 질량을 가진 물질은 존재하지 않으므로 플로지스톤은 존재하지 않는 물질이라고 생각할 수밖에 없습니다. 따라서 앞으로 플로지스톤에 대해 얘기하는 사람은 엄벌에 처하도록 하겠습니다.

재판 후 플로지스톤을 믿는 사람은 아무도 없었다. 이수탈 씨 역시 나부제 씨에게 새로운 화학을 배우기 시작했다. 그것은 바로 화학반응에서의 질량불변의 법칙이었다.

달에서의 유통기한

달에서는 음식이 상하지 않을까요?

**사건
속으로**

달에 과학공화국의 위성도시인 암스트롱 시티가 만들어
지고 나서 암스트롱 시티와 과학공화국 사이의 활발한
교역이 이루어졌다. 젖소를 키우기 어려운 암스트롱 시
티에서는 지구에서 우유를 수입해 시민들에게 공급하기
로 하고 과학공화국 최대의 우유업체인 문밀크와 계약을
체결했다.

문밀크의 로켓은 달에서 주문받은 물량을 싣고 달로 향
했다. 그런데 갑자기 로켓이 고장을 일으켜 달과 지구 사이에 있는 우주정비소에서 잠시 머무르게 되었다.

문밀크는 로켓을 고치고 달에 우유를 납품했다. 암스트롱 시티는 우유 전량을 시민들의 가정에 배달했다. 이주 후, 한 번도 우유를 먹은 적이 없는 시민들은 아주 반가워했다.

암스트롱 시티에 가장 먼저 이주해 온 김웰빙 씨는 자신과 가족의 건강을 끔찍하게 생각하는 사람이다. 그는 배달 온 우유를 꼼꼼히 관찰했다.

그런데 우유에 적혀 있는 유통기한이 바로 한 시간 뒤까지였다. 김웰빙 씨는 수북하게 쌓여 있는 우유를 한 시간 만에 모두 먹어 치울 자신이 없었다.

그는 암스트롱시 시장에게 이 우유들은 유통기한이 곧 지나 먹을 수 없는 상태가 될 것이므로 돈을 낼 수 없다고 주장했다. 이 소문이 퍼지자 다른 시민들도 시에 우유를 모두 반품시켰다.

시민들의 우유 반품으로 피해를 본 암스트롱 시티는 문밀크를 화학법정에 고소했다.

달에는 산소가 없기 때문에 미생물들도 살 수 없답니다.
그러니 달에서는 음식이 상하지 않는 것이죠.

공기가 없으면 음식이 상하지 않을까요? 화학법정에서 알아봅시다.

원고 측 말씀하세요.

달에는 공기가 없습니다. 그러니까 물론 산소도 없지요. 하지만 음식이 상하는 것은 공기 중의 산소와의 화학반응뿐 아니라 공기 중의 미생물들과도 관계가 있습니다. 그러므로 달이라고 해서 미생물이 없으라는 법은 없으므로 달에서도 우유가 상할 수 있다는 것을 말씀드리고 싶습니다.

피고 측 말씀하세요.

우유부패연구소의 우유상 씨를 증인으로 요청합니다.

우유상 씨가 증인으로 나왔다.

음식이 상한다는 것은 어떤 과정이죠?

철이 산소와 화합하여 산화철이 되는 과정처럼 음식을 이루는 물질이 공기 중의 산소와 화학반응을 일으키는 것입니다. 그러니까 음식이 썩었을 때 악취가 나는 것은 산소와 반응을 일으킨 암모니아 냄새입니다.

그럼, 산소가 없으면 음식이 상하지 않겠군요.

음식이 상하는 과정은 산소에 의한 화학반응과 미생물

들이 음식을 분해히는 과정으로 이루어집니다.

산소 없이도 미생물들이 음식을 분해할 수 있다는 건가요?

그렇지 않습니다. 미생물들도 생물입니다. 그들도 산소를 필요로 하죠. 그러므로 산소가 없는 곳에는 미생물들이 없습니다.

달에는 산소가 없으니까 미생물이 없겠군요.

그렇게 보아야 합니다.

달이 공기가 없는 곳이라는 것은 누구나 알고 있습니다. 그러므로 달에서는 사람이 숨 쉴 수 없죠. 사람이 살 수 없는 환경이라는 것은 모든 생명이 살 수 없다는 것으로 해석할 수도 있습니다. 결론적으로 말해 달에는 음식물을 부패시킬만한 미생물이 살 수 없습니다. 그러므로 달에서는 우유가 상하지 않으므로 암스트롱 시티는 문밀크의 우유를 맘놓고 마셔도 됩니다.

판결합니다. 유통기한이란 음식을 상하지 않은 상태에서 먹을 수 있는 기간입니다. 그러나 지구에서 만든 음식의 유통기한은 지구에서만 적용되지 지구와 환경이 다른 달에서까지 확대 적용된다고 말할 수는 없습니다. 즉 달에서는 달에서의 유통기한이 필요합니다. 그런데 달에서는 산소가 없어 미생물이 살 수 없으므로 우유를 상하게 하는 원인이 없다고 봅니다. 그러므로 문밀크의 우유는 안심하고 달에서 먹을 수 있으므로 암스트롱 시티의 주장은 이유가 없다고 판결합니다.

재판 후 문밀크의 우유가 지구에서 달로 배달되었다. 달로 수출된 우유에는 유통기한이 무한대라고 적혀 있었다.

산소가 필요해

지하에 고깃집이 있으면 안 되나요?

**사건
속으로**

버닝 시티는 소를 많이 기르는 도시로 이 도시의 사람들
은 소고기를 석쇠에 구워먹는 석쇠구이를 즐겨 먹었다.
그래서 그런지 이 도시는 다른 도시보다 유난히 고깃집
이 많았다.

소고깃집을 차리는 진육수 씨도 최근 케믹 시티에서 이
도시로 이사와 고깃집을 차릴 장소를 찾았다. 그런데 워
낙 고깃집이 잘 된다는 소문이 퍼져 전국 각지에서 온 사
람들 때문에 진육수 씨는 마땅한 장소를 찾지 못했다.

그러던 어느 날 부동산중개소에서 진육수 씨에게 전화가 왔다. 마땅한 자리가 나왔다는 것이었다. 진육수 씨는 부동산중개인과 함께 그 장소로 가 보았다. 그런데 지하였다.

진육수 씨는 지하라는 것이 마음에 걸렸지만 고기 양념에는 자신이 있었으므로 계약을 했다. 그리고 실내공사를 마치고 진육수 씨의 고깃집 '꿈꾸는 소고기'를 오픈했다.

참신한 이름 덕택인지 많은 사람들이 몰려들어 발 디딜 틈이 없을 정도였다. 고기를 좋아하는 고기호 씨도 가족과 함께 이 식당을 찾았다. 여기저기서 불을 피워대자 앞을 볼 수 없을 정도로 연기가 자욱했다.

그런데 시간이 지날수록 고기가 잘 안 익는다는 느낌이 들었다. 고기호 씨는 그 이유가 고깃집이 지하에 있기 때문이라고 생각했다. 그리고 고기가 잘 안 익으니 고깃값을 환불해 줄 것을 요구했다. 하지만 진육수 씨는 고기를 구울 줄 몰라서 그런 것이라며 이에 맞섰다. 가족들과 외식을 망친 고기호 씨는 꿈꾸는 소고기를 화학법정에 고소했다.

지하에 있는 고깃집은 산소가 불충분해서 고기가 잘 익지 않는답니다.
물질이 잘 타기 위해서는 산소가 많이 필요하니까요.

지하 고깃집에서는 왜 고기가 잘 익지 않았을까요? 화학법정에서 알아봅시다.

화학짱 판사

화치 변호사

켐스 변호사

피고 측 변론하세요.

진육수 씨의 고깃집은 지하에 있긴 하지만 다른 고깃집과 똑같은 숯불 시설을 갖추고 있습니다. 고기가 잘 익느냐 안 익느냐 하는 것은 불판 위에 얼마나 오랫동안 고기를 올려 놓느냐 하는 문제이지 고깃집이 지하에 있느냐 지상에 있느냐의 문제는 아니라고 생각합니다. 그러므로 원고 고기호 씨의 주장은 아무 근거가 없다고 생각합니다.

원고 측 변론하세요.

맛고모의 살코기 회장을 증인으로 요청합니다.

고기를 많이 먹어서인지 뒤룩뒤룩 살찐 40대의 남자가 증인석에 앉았다.

그런데 맛고모가 뭐죠?

맛있는 고기를 좋아하는 사람들의 모임입니다.

별의 별 모임이 다 있군요. 그런데 지하에서 고기가 잘 안 익습니까?

고기를 익히기 위해서는 적당히 온도를 올려야 합니다.

그러기 위해서 숯을 태워 열을 만들어야 합니다. 이렇게 물질을 태우는 것을 화학에서는 연소라고 하죠.

지하라고 해서 특별히 연소가 안 될 이유는 없잖아요?

연소가 일어나기 위한 조건을 생각해야 합니다. 우선 연소가 일어나기 위한 온도까지 올라가야 합니다. 그것은 어떤 물질을 연소하는가에 따라 다르겠죠. 또 하나 중요한 것은 충분한 산소가 있어야 합니다.

그건 왜죠?

물질이 탄다는 것, 즉 연소반응이 일어난다는 것은 공기 중의 산소와 물질이 화학반응을 일으키는 것이기 때문입니다.

지하에서 사람이 숨 쉴 수 있는 공기가 있지 않습니까?

하지만 유리창을 열어 충분한 산소가 들어 올 수 있는 곳보다는 환기가 잘 안 되는 지하는 산소가 부족하다고 볼 수 있죠. 이럴 경우 연소가 잘 일어나지 않아 높은 온도로 고기를 구울 수 없게 됩니다. 그러니까 고기가 덜 익는 것이죠.

물질을 태우기 위해서는 적당한 온도와 산소가 필요합니다. 그런데 진육수 씨의 고깃집은 지하에 있어 환기가 잘 안 이루어지기 때문에 신선한 산소가 항상 부족합니다. 그러다 보면 온도가 높게 올라가지 않습니다. 당연히 고기가 잘 구워지지 않겠죠. 고기를 굽기 위한 온도에 도달하지 못했으니까요. 따라서 고기호 씨는 맛있게 구워진 고기를 먹을 수 없었으므로 고깃값을 지불할 이유가 없다는 것이 본 변호사의 생각입니다.

🏛️ 판결합니다. 인구가 점점 증가하고 일자리는 한정되다 보니 많은 사람들이 식당을 차리는 일이 늘어나고 있습니다. 진육수 씨가 값비싼 임대료 때문에 환기가 잘 되는 지상 공간에 식당을 내지 못하였다 하더라도 지하가 가지고 있는 단점을 보완할 수 있는 장치를 마련할 의무가 있다고 여겨집니다. 그런 면에서 이번 사건에 대해 진육수 씨에게 책임을 묻지 않을 수는 없습니다. 따라서 진육수 씨는 고기호 씨가 먹은 고깃값을 환불하고 산소의 공급을 원활하게 하는 장치를 설치할 것을 판결합니다.

재판 후 진육수 씨는 맛있는 고기를 만드는 데 산소가 얼마나 중요한가를 알게 되었다. 그는 곧 산소순환장치를 설치하여 지상의 맑은 공기가 항상 순환되도록 하였다.

여러 가지의 산화반응

어떤 물질이 산소와 결합하는 것을 산화 또는 산화반응이라고 합니다. 산소와 결합한 물질은 원래의 물질과 다른 물질로 변하는데 그것을 산화물이라고 부릅니다. 예를 들어 철이 공기 중의 산소와 결합하면 산화철이 되는데 이것이 바로 철이 녹스는 반응입니다.

그렇다면 물질이 불에 타는 것도 산화일까요? 그렇습니다. 물질이 탄다는 것도 공기 중의 산소와 물질이 결합하여 화합물을 만드는 산화반응이죠. 이때는 반응이 아주 빠르게 이루어지기 때문에 물질이 타는 것을 빠른 산화라고 부르기도 합니다.

녹스는 현상이나 물질이 타는 현상 이외에 또 어떤 종류의 산화반응이 있을까요? 금속과 물과 반응하여 금속이 물 속의 산소와 결합하여 수소 기체를 발생시키는 반응이 있습니다. 예를 들어 칼륨이나 칼슘을 찬물에 넣었을 때 마그네슘을 뜨거운 물에 넣었을 때 수소 기체가 발생하는 것은 산화반응의 예입니다.

와~ 초스피드 산화다!

물질이 산소와 결합하는 반응을
모두 산화반응이라고 하죠.

연소의 조건

불이 났을 때 어떤 원리에 의해 불을 끄게 되나요? 어떨 때
는 불에 코트를 벗어 던지면 코트가 타지 않고 불이 꺼지는 수
도 있습니다. 또는 물을 뿌려 준다든가 아니면 소화기를 이용

하는 방법 등이 있지요. 이렇게 불을 끄는 것은 물질이 타는 것을 막는 과정입니다.

물질이 타는 것(연소반응)에 대한 조건을 알아봅시다. 물질이 타기 위해서는 물질이 타기 위한 적당한 온도까지 올라가야 합니다. 또한 주위에 물질이 타는 것을 도와줄 수 있는 충분한 산소가 있어야 합니다. 만일 이런 조건들이 충분하지 못하면 물질의 연소반응이 잘 이루어지지 않게 됩니다. 예를 들어 집 안에 산소가 부족할 때에는 고기가 잘 구워지지 않죠. 그것은 연소의 조건 중에서 물질이 타는 것을 도와주는 산소가 부족하기 때문이죠. 이럴 때는 유리창을 모두 열어 바깥 공기를 들어오게 하여 실내의 산소의 양을 증가시킬 수 있습니다. 그러면 다시 연소의 조건이 충분하게 되어 물질이 잘 탈 수 있게 됩니다.

불이 났을 때 물을 뿌리는 것은 온도를 낮춰 물질이 타는 것을 막는 것이고, 코트를 덮는 것은 산소를 막아주는 것이고, 소화기를 뿌리는 것은 불이 난 곳을 소화기 속에 들어 있는 공기보다 무거운 기체로 에워싸게 하여 산소와의 결합을 막는 것입니다.

제7장

압력에 관한 사건

끓는점과 압력_ 높은 곳에서 설익는 밥
높은 곳에서는 일반 밥솥으로 밥을 지을 수 없나요?

증기압_ 전자레인지 속 계란 폭탄
전자레인지에 계란을 넣으면 안 되나요?

높은 곳에서 설익는 밥

높은 곳에서는 일반 밥솥으로
밥을 지을 수 없나요?

**사건
속으로**

헤이트 산은 과학공화국에서 제일 높은 산으로 해발
3000m 정도이다. 헤이트 산 중턱에 해발 2000m 되는
곳에 과학공화국에서 제일 고도가 높은 마을인 노파 마
을이 있다.

노파 마을 사람들은 감자가 주식인데 최근 그들은 유전
공학을 이용하여 서너 사람이 먹을 수 있을 정도로 큰 초
대형 슈퍼감자를 개발했다.

슈퍼감자 덕분에 높은 수입을 올리게 된 노파 마을은 과

거와는 다르게 살게 되었다. 생활수준이 높아진 덕에 마을 곳곳에서 무선 인터넷을 즐기고 마을로 내려갈 때는 전용 헬기를 이용하는 수준에까지 이르렀다.

하지만 노파 마을은 논이 없어 쌀 농사를 할 수 없었고, 이들은 다른 마을 사람들처럼 김이 모락모락 피어나는 흰쌀밥을 먹고 싶어 했다.

그러던 중 마을 사람들은 마을 중앙에 설치된 대형 TV에서 홈쇼핑 광고를 보게 되었다. 아주 예쁘고 앙증맞아 보이는 밥통을 미녀 쇼핑호스트가 광고하고 있었다.

마을 사람들은 모두 군침을 흘리기 시작했다. 그 모습을 조용히 바라보던 노파 마을의 밥고파 이장이 전기 밥솥을 공동구매하자고 제안했다. 모두들 기다렸다는 듯이 이장의 의견에 동의했다.

다음 날 헬기를 통해 노파 마을에 전기밥솥이 들어오고 쌀 수십 가마가 공수되었다. 사람들은 모두 자신의 집에서 설명서를 보면서 밥을 지었다.

밥이 다 되었다는 벨소리가 울렸다. 순간 밥솥을 열어본 사람들은 깜짝 놀랐다. 밥이 설익어서 먹을 수 없었던 것이다.

노파 마을 사람들은 불량 전기 밥솥을 구매한 것에 화가 나서 전기밥솥 회사를 화학법정에 고소했다.

높은 곳에서는 압력이 낮아 밥이 설익게 됩니다.

그래서 압력을 높여주는 압력밥솥을 사용하는 것이 좋겠죠.

노파 마을에서는 왜 밥이 설익을까요? 화학법정에서 알아봅시다.

화학짱 판사

화치 변호사

켐스 변호사

피고 측 말씀하세요.

전기밥솥은 전기에너지를 열에너지로 바꾸어 밥을 짓는 전기기계입니다. 노파 마을은 최근 생활이 나아져 전기사정이 좋아졌습니다. 그런데 다른 곳에서는 밥이 잘 되는 전기밥솥이 노파 마을에서만 유독 잘 안 된다면 노파 마을 사람들이 밥을 짓는 데 서툴기 때문이라고 생각합니다.

원고 측 말씀하세요.

맛밥사의 김밥맛 씨를 증인으로 요청합니다.

얼굴에 윤기가 흐르는 김밥맛 씨가 증인석에 앉았다.

맛밥사는 어떤 일을 하고 있죠?

저희는 맛있는 밥을 짓는 사람들입니다.

이번에 노파 마을에 공급된 전기밥솥을 조사하셨죠?

그렇습니다.

결함이 있었나요?

아니요. 모두 정상이었습니다.

그런데 왜 밥이 설익었던 것이죠?

그건 노파 마을의 기압이 다른 곳에 비해 낮아서입니다.

기압이 낮다니요?

지구는 공기로 둘러싸여 있습니다. 공기는 물론 무게가 있는 질소와 산소로 이루어져 있습니다. 그러니까 공기의 무게가 우리를 누르고 있죠. 이렇게 공기의 무게가 우리를 누르는 압력을 기압이라고 합니다.

노파 마을이든 다른 마을이든 기압은 같은 것 아닌가요?

그렇지 않습니다. 노파 마을은 워낙 높다 보니까 낮은 지대에 비해 적은 양의 공기의 압력을 받고 있습니다. 그러니까 기압이 낮죠.

기압이 낮은 것과 밥이 잘 안 되는 것과 관계가 있습니까?

물론이죠. 밥이 되는 과정은 물이 끓는 과정입니다. 다시 말해 물이 수증기가 되는 과정이죠. 그런데 압력이 낮으면 물이 더 쉽게 수증기로 변하죠. 그러니까 온도가 그리 높지 않아도 물이 수증기로 변해 끓기 시작합니다. 그러다 보니 쌀이 온도가 낮아 잘 안 익게 되는 겁니다. 그래서 밥이 설익는 것입니다.

그럼 무슨 해결 방법이 있습니까?

전기밥솥 위에 무거운 돌을 올려놓으면 돌의 압력이 더해져 밥솥 안의 물이 정상적인 온도인 100도에서 끓게 됩니다. 그러므로 쌀이 잘 익어 밥맛이 좋죠. 또는 압력밥솥을 사용하는 겁니다. 그러면 압력이 커서 물이 낮은 온도에서 끓지 않게 되니까 밥이 잘 되죠.

그렇습니다. 노파 마을은 다른 지역보다 높아 기압이 낮습니다. 그러므로 밥솥회사는 노파 마을 사람들의 주문서를 받았을 때 밥이 잘 지어지지 않을 거라는 얘기를 했어야 합니다. 밥을 지을 때마다 무거운 돌멩이를 찾으러 다닐 수는 없으니까요. 그러므로 이번 밥솥 사건에 대한 책임은 밥솥회사에 있다는 것이 본 변호사의 주장입니다.

판결합니다. 최근 경기가 좋지 않아 무조건 팔고 보자는 생각이 번지고 있습니다. 원고 측이 주장한 대로 압력이 낮은 지역에서는 일반 밥솥으로 밥이 잘 지어지지 않는다는 것을 밥솥회사는 구입자에게 알려 줄 의무가 있다고 봅니다. 그러므로 다음과 같이 판결합니다. 노파 마을의 밥솥은 모두 리콜되는 것으로 하고 전기밥솥회사는 노파 마을에 압력밥솥을 납품하고 그 차액은 노파 마을 사람들이 지불하는 것으로 합니다.

얼마 후 노파 마을에는 압력밥솥이 배달되었다. 마을 사람들은 이제 아주 맛있는 밥을 먹을 수 있게 되었다.

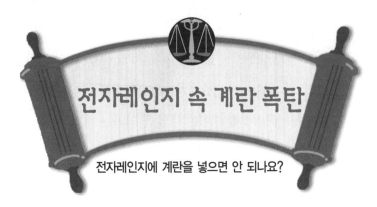

전자레인지 속 계란 폭탄

전자레인지에 계란을 넣으면 안 되나요?

**사건
속으로**

황계란 양은 계란 요리를 좋아한다. 그래서 친구들은 그
녀를 에그우먼이라고 부른다. 특히 그중에서도 황계란
양이 가장 즐겨 먹는 것은 삶은 계란이다.

이 요리는 바쁠 때 냉장고에서 꺼낸 날계란으로 금방 만
들어 먹을 수 있기 때문이다. 하지만 삶은 계란을 만들
때는 날계란을 물 속에 넣어 적당한 시간 동안 가스레인
지로 가열해야 한다. 만일 너무 짧은 시간 동안 조리하거
나 너무 긴 시간 동안 조리하면 완벽한 삶은 계란이 되지

않는다.

아침 출근 준비에 바쁜 황계란 양은 계란을 좀 더 빠르게 삶을 수 있는 방법이 없을까 고민했다. 그때 그녀의 눈에 보인 것은 조리 시간을 입력하는 전자레인지였다.

그녀는 전자레인지의 설명서를 들여다보았다. 특별히 계란을 넣어서는 안 된다는 말은 없었다. 다만 금속접시나 알루미늄 포일을 넣지 말라는 경고뿐이었다.

다음 날 아침 그녀는 전자레인지에 계란을 넣었다. 잠시 후 그녀가 전자레인지의 문을 여는 순간 '퍽' 하는 소리와 함께 계란이 터지면서 계란 파편이 그녀의 머리를 향해 날아왔다. 그 충격으로 머리를 다친 황계란 양은 계란을 넣지 말라는 경고를 하지 않은 전자레인지 회사를 화학법정에 고소했다.

전자레인지는 마이크로파를 이용해 음식물을 데웁니다.
그런데 계란은 껍데기 때문에 수증기가 밖으로 나오지 못해 폭발하고 만답니다.

전자레인지에 넣은 계란은 왜 폭발할까요? 화학법정에서 알아봅시다.

화학짱 판사

화치 변호사

켐스 변호사

피고 측 변론하세요.

전자레인지는 마이크로파를 이용하여 음식 속의 수분에 에너지를 공급합니다. 이때 에너지를 받은 물 분자가 음식물 속에서 운동을 하여 음식물에 에너지를 공급하죠. 이렇게 하여 에너지를 받은 음식물이 데워지는 것입니다. 그런데 계란도 음식물이므로 전자레인지에서 간편하게 요리될 수 있습니다. 물론 사고 날 리가 없지요. 그러므로 이것은 아마도 황계란 양이 금속으로 된 젓가락을 계란과 함께 전자레인지에 넣어 일어난 사건이 아닐까 하는 생각이 듭니다.

원고 측 변론하세요.

케미 킹 대학의 마계란 박사를 증인으로 요청합니다.

마계란 박사가 증인석에 앉았다.

이번 사건의 원인은 무엇이라고 생각하십니까?

계란은 안쪽의 노른자 흰자가 단단한 껍데기로 둘러싸여 있습니다.

그게 무엇이 문제죠?

🕶 물론 마이크로파는 계란 껍데기를 뚫고 안으로 들어갈 수 있습니다.

😮 그런데 마이크로파가 무엇이죠?

🕶 파장이 1000분의 1mm 정도인 전파라고 생각하면 됩니다.

😮 마이크로파가 계란 껍데기 속으로 들어가면 계란 속이 뜨거워져 계란이 삶아지는 것 아닌가요?

🕶 물론 그렇죠. 그런데 마이크로파는 계란 속의 수분에 큰 에너지를 공급합니다. 그중 에너지를 아주 많이 얻은 물방울은 수증기가 되겠죠. 그런데 껍데기가 없다면 수증기는 밖으로 빠져나가니까 아무 문제가 되지 않습니다. 하지만 계란 껍데기가 워낙 단단하다 보니 계란 속에 생긴 수증기 분자들이 밖으로 빠져나가지 못하고 갇히게 됩니다.

😮 그런데 왜 폭발하는 거죠?

🕶 바로 계란 껍데기 속에 갇힌 수증기들이 문제입니다.

😮 좀 더 쉽게 설명해 주시겠습니까?

🕶 네. 수증기 분자들이 못 빠져나가고 계란 껍데기 속에 점점 많이 생겨나게 되니까 그 부분의 부피는 작은데 분자들의 개수는 많아지게 되지요. 그래서 수증기에 의한 압력이 아주 커지게 됩니다. 압력은 결국 껍데기에 큰 힘을 작용하게 되어 껍데기를 부수게 됩니다. 이때 껍데기가 아주 빠른 속도

로 깨지면서 속의 내용물들이 밖으로 분출되는 거죠.

🤓 화산폭발과 같군요.

😎 그런 셈이죠.

😊 그렇습니다. 군밤을 그대로 불 속에 넣으면 증기압 때문에 군밤이 폭발해 사람들에게 화상을 입힐 수 있습니다. 이번 계란 사건의 경우도 마찬가지입니다. 즉 이번 사건은 단단한 계란 껍데기 속의 증기압이 커져 생긴 사건입니다. 계란은 우리가 거의 매일 먹는 음식이므로 이러한 사실을 모르는 사람들은 전자레인지로 계란이 데워질 수 있다고 생각하기 쉽습니다. 그러므로 전자레인지 회사는 설명서에 그런 부분을 조심하라고 강조해야 했을 것입니다. 그러므로 이번 사고에 대한 책임은 전자레인지 회사에 있다는 것이 본 변호사의 생각입니다.

😐 판결합니다. 전자레인지를 사용하여 밥을 만들거나 국을 만드는 인스턴트 요리의 시대입니다. 이번 계란 폭탄 사건의 경우도 그렇고 앞으로 발생할 수 있는 많은 위험한 상황을 생각할 때 전자레인지로 요리해도 되는 것과 해서는 안 되는 것에 대한 확실한 구분이 있어야 할 것입니다. 그러한 책임은 당연히 전자레인지를 판매한 회사 측에 있으므로 이번 사고에 대한 모든 손해 배상은 전자레인지 회사가 해야 한다고 판결합니다.

재판 후 전자레인지 회사 연합회에서는 모든 신문과 방송을
통해서 전자레인지로 요리하면 위험한 음식의 목록을 발표하
였고, 부녀회나 반상회를 통해 그 목록을 적은 책을 나누어주
었다.

압력과 부피의 관계

기체의 압력이란 기체 분자들이 벽을 미는 단위 면적당의 힘을 말합니다. 그럼 기체의 압력과 기체의 부피 사이에는 어떤 관계가 있을까요? 그것을 처음 알아낸 사람은 영국의 화학자 보일입니다. 보일은 다음과 같은 법칙을 발견했는데, 이것을 보일의 법칙이라고 부릅니다.

보일의 법칙
- 일정한 온도에서 기체의 부피와 압력은 서로 반비례한다.

그러니까 공기 기체가 들어 있는 풍선을 누르면 부피가 줄어드니까 압력이 커지게 되지요. 그래서 풍선을 세게 누르면 풍선 속 기체의 압력이 커져서 풍선이 터지게 됩니다.

그럼 보일의 법칙의 대표적인 예는 무엇일까요? 공기보다 가벼운 수소나 헬륨을 채운 풍선은 위로 올라갑니다. 그런데 끝없이 위로 올라가지 못하고 적당히 올라가다가 터지게 됩니다. 그럼 왜 위로 올라간 풍선이 터지는 걸까요? 바로 보일의 법칙 때문입니다. 수소 풍선의 경우 땅에 있을 때는 큰 공기의 압력을 받게 됩니다. 그런데 위로 올라갈수록 위에서 풍선을 누르는 공기의 압력이 작아지게 됩니다. 그러니까 보일의 법칙에 의해 수소 기체의 부피가 커지겠지요. 그리하여 풍선이 터지게 되는 것입니다.

수소 기체의 부피가 커져야 풍선이 터진답니다.

샤를의 법칙

보일의 법칙은 기체의 압력과 부피 사이의 관계입니다. 그럼 기체의 부피가 온도와 관계가 있을까요? 물론 있습니다. 기체 분자들은 온도가 올라가면 에너지가 커져서 그 운동이 활발해집니다. 그러니까 분자들 사이의 거리가 온도가 낮을 때보다 더 많이 벌어집니다. 그러니까 기체의 부피가 커지게 되겠죠. 이렇게 온도가 올라가면 기체의 부피가 커진다는 것을 처음 알아낸 사람은 프랑스의 과학자 샤를입니다. 그래서 이 법칙을 샤를의 법칙이라고 부릅니다.

그럼 샤를의 법칙은 어디에서 볼 수 있을까요? 간단한 예를 들어보겠습니다. 공기가 빠져나가 쭈글쭈글해진 풍선이 있습니다. 이 풍선을 팽팽하게 하려면 뜨거운 물에 집어넣으면 됩니다. 그러면 공기의 온도가 올라가 부피가 커지게 되지요.

또 다른 예로 기구를 들 수 있습니다. 기구 속의 공기를 뜨겁게 가열하면 기구 안의 공기의 부피가 커집니다. 그러니까 밀도가 작아지겠지요. 그래서 주변 공기의 밀도보다 작은 밀도를 가진 기구는 위로 올라가게 됩니다. 이것이 바로 열기구의 원리입니다.

제8장

전기 화학 사건

센물과 단물_ 물맛만 좋은 센물

보일러에 센물을 사용하면 안 되나요?

금속의 반응성_ 착한 금속, 마그네슘

철근과 마그네슘을 같이 두면 어떤 일이 벌어지나요?

전기 전도도_ 백금시 전깃줄

백금을 전깃줄로 사용하면 안 되나요?

이온과 소금물_ 짠 이온음료의 비밀

이온음료는 어떤 성질을 가지고 있나요?

물맛만 좋은 센물

보일러에 센물을 사용하면 안 되나요?

**사건
속으로**

과학공화국 중서부의 경수시에 아주 깨끗한 지하수가 개
발되었다. 정부는 경수시에서 사람들이 맑은 지하수를
먹으면서 살 수 있도록 주택가를 건설하기로 했다.

이 공사는 센물로 건설이 맡게 되었는데 주택가의 모든
물은 지하수를 사용했다. 경수시의 주택이 지하수를 사
용한다는 소문은 전국에 퍼져 많은 사람들이 경수시의
주택에 입주하기를 원했다.

아폼시에 살고 있던 김연수 씨는 아내가 오랫동안 병을

앓고 있어 맑은 지하수가 나오는 경수시로 이사했다.

김연수 씨는 이사온 첫날 펜션형의 집에서 아내와 함께 지하수로 목욕을 했다. 물이 좀 미끄럽기는 했지만 몸이 왠지 좋아지는 것 같은 느낌이 들었다. 한 가지 흠이라면 샴푸나 비누가 잘 안 풀리는 것이지만 매일 건강에 좋은 지하수를 먹을 수 있다는 생각에 그 정도쯤은 견딜 수 있었다.

김연수 씨 가족과 다른 입주민들에게 첫 겨울이 왔다. 날이 추워지자 모든 집에서 보일러를 틀었다. 처음 얼마 동안은 보일러가 잘 작동되어 훈훈한 실내 생활을 할 수 있었다.

그러나 경수시는 과학공화국의 다른 도시보다 겨울이 유난히 춥고 긴 편이었다. 그런데 점점 보일러가 약해지기 시작했다. 얼마 후부터는 실내에서 두꺼운 외투를 꺼내 입어야 할 정도로 추워지기 시작했다. 그런 사정은 김연수 씨 집만은 아니었다.

보일러가 잘 작동되지 않아 추위로 고생하던 입주민들은 경수시 주택가를 건설한 센물로 건설을 화학법정에 고소했다.

센물 속에 들어 있는 칼슘 이온 때문에
보일러에 센물을 이용하면 방이 뜨거워지지 않는답니다.

센물을 사용한 보일러는 왜 안 따뜻할까요? 화학법정에서 알아봅시다.

피고 측 말씀하세요.

센물이나 단물이나 똑같은 물입니다. 물을 데워 관을 지나게 하여 방을 따뜻하게 하는 것이 보일러 관입니다. 그런데 보일러에 문제가 있다면 모를까 센물을 사용했다고 방이 안 더워진다는 것은 말이 안 되는 것 같습니다.

원고 측 변론하세요.

물연구소의 이경수 박사를 증인으로 요청합니다.

이경수 박사가 물을 마시면서 법정으로 들어왔다.

센물과 단물의 어떤 차이가 있습니까?

이온의 차이죠.

좀 더 자세히 말씀해 주시겠습니까?

보통 우리가 마시는 수돗물에는 이온이 별로 들어 있지 않습니다. 이러한 물을 단물이라고 하지요.

센물은 이온이 많은가요?

그렇습니다. 지하수와 같은 것이 센물인데 칼슘 이온이나 마그네슘 이온 같은 것이 많이 들어 있습니다.

🧑 물맛은 어느 게 좋지요?

😀 센물이죠. 센물 속에 들어 있는 이온이 물맛을 좋게 해 줍니다.

🧑 그럼 이제 본론으로 들어가 보죠. 센물을 보일러에 사용하면 집이 안 따뜻해집니까?

😀 그렇습니다.

🧑 그 이유는 뭐죠?

😀 센물 속에 들어 있는 칼슘 이온 때문입니다. 보일러에 센물을 사용하면 칼슘 이온 때문에 탄산칼슘이 만들어지는데, 이것이 관 주위에 달라붙게 되지요. 그것이 열이 관 밖으로 나가는 걸 막습니다. 그래서 방이 추운 거죠.

🧑 그런 문제점이 있군요.

😀 그 밖에도 센물에서는 비누나 샴푸가 잘 풀리지 않는 단점이 있습니다.

🧑 지금 증인이 얘기한 것처럼 센물은 단물보다 맛있다는 장점을 제외하고는 다른 모든 생활에서는 불편합니다. 그러므로 센물을 이용한 센물로 건설은 겨울에 따뜻하게 지내고 싶어하는 입주민들의 뜻에 맞지 않는 잘못된 설계를 한 셈입니다. 그러므로 이번 사건에 대해 센물로 건설이 전적으로 책임을 져야 한다는 것이 본 변호사의 주장입니다.

👨‍⚖️ 판결합니다. 단물과 달리 센물은 이온을 많이 포함하고

있어 여러 가지 화학반응을 일으키기가 쉽습니다. 그로 인해 보일러 안에 탄산칼슘 덩어리를 만들어 열 전달이 잘 이루어지지 않게 하는 등 가정에서 사용하는 물로는 적합하지 않은 단점을 가지고 있습니다. 그러므로 센물로 건설은 식수를 제외한 모든 물은 단물을 사용하는 방식으로 경수시 주택가를 다시 시공할 것을 판결합니다.

재판이 끝나고 경수시 주택가에는 대규모 시설공사가 이루어졌다. 센물로 건설은 회사명을 센물단물로 건설로 바꾸고 식수로는 센물을, 그 외의 물은 단물을 사용하는 방식으로 공사를 하였다.

착한 금속, 마그네슘

**철근과 마그네슘을 같이 두면
어떤 일이 벌어지나요?**

**사건
속으로**

강근철 씨는 나노시티에서 3대째 철근 가게를 운영하고
있다. 또 그의 절친한 동네 친구인 임마그 씨는 그의 옆
집에서 마그네슘 가게를 하고 있다.

두 사람은 손님이 없을 때는 가게 앞에 나와 내기 바둑을
두면서 매일같이 시간을 보냈다.

그러던 어느 날 강근철 씨가 임마그 씨에게 말했다.

"이거 철근이 너무 넘쳐 가게에 다 쌓아 둘 수가 없어 큰
일이야."

"나도 마찬가지야. 마그네슘은 덩어리가 크잖아. 그런데 그걸 놔둘 곳이 마땅치 않아."

임마그 씨도 맞장구를 쳤다.

"그럼, 우리 공동으로 철근과 마그네슘을 쌓아둘 창고를 알아볼까?"

"그게 좋겠군."

이렇게 하여 두 사람은 가게 뒤편에 빈 창고를 얻어 마그네슘 덩어리와 철근을 함께 쌓아두게 되었다. 마그네슘 덩어리와 철근들이 뒤엉켜 있었지만 둘 다 금속이라 아무 문제가 없어 보였다.

이렇게 창고를 얻은 두 사람은 가족들과 함께 해외여행을 계획했다. 그리하여 공업공화국의 유명 도시를 돌아보고 돌아온 두 사람은 함께 쌓아두었던 철근과 마그네슘의 상태를 확인하기 위해 창고로 갔다. 창고를 연 순간 임마그 씨의 표정이 어두워졌다. 철근의 상태는 좋았지만 마그네슘 덩어리는 모두 녹슬어 도저히 팔 수 없는 상태가 된 것이었다.

엄마그 씨는 이것이 강근철 씨의 철근들 때문이라며 강근철 씨를 화학법정에 고소했다.

금속의 반응성 때문에 함께 두면 안 되는 금속들이 있습니다.
철과 마그네슘이 그런 것이죠.

왜 철근은 녹이 슬지 않고 마그네슘만 녹이 슬었을까요? 화학법정에서 알아봅시다.

피고 측 변론하세요.

철과 마그네슘은 모두 금속입니다. 금속은 공기 중의 산소 때문에 산화작용을 일으켜 모두 녹습니다. 그러니까 철과 마그네슘은 모두 금속입니다. 그러니까 철은 녹슬어 산화철이, 마그네슘은 녹슬어 산화마그네슘이 됩니다. 그런데 철과 마그네슘을 함께 두었다고 해서 특별히 마그네슘만 녹슬 리는 없습니다. 아마도 임마그 씨는 공기 중에 오래 방치되어 있던 마그네슘을 구입한 것으로 생각됩니다.

원고 측 변론하세요.

이온화 씨를 증인으로 요청합니다.

이온화 씨가 증인석에 앉았다.

철과 마그네슘을 함께 두면 마그네슘이 더 빨리 녹슬 수 있습니까?

그럴 수 있습니다.

그 이유는 뭐죠?

금속의 반응성 때문입니다.

자세히 설명해 주세요.

서로 다른 두 개의 금속을 연결하면 두 금속이 서로 산화되려고 경쟁을 벌이게 됩니다. 산화된다는 것은 바로 녹스는 것이죠. 이때 마그네슘이 철보다 더 희생정신이 강해 자신이 산화되면서 철이 산화되는 것을 막아주죠.

마그네슘이 착한 금속이군요.

그런 셈이죠. 그래서 마그네슘을 희생금속이라고 부르죠.

그러니까 마그네슘의 희생으로 철이 녹슬지 않게 되는군요.

그렇습니다.

증인이 얘기한 금속의 반응성 때문에 마그네슘과 철을 연결하면 철이 녹슬지 않는 대신 마그네슘이 녹슬게 됩니다. 그러므로 이번 사건처럼 임마그 씨의 마그네슘 덩어리가 쉽게 녹슨 이유는 철근과 마그네슘이 섞여 있었기 때문입니다.

판결합니다. 두 사람은 금속의 반응성에 대해 잘 모르고 창고를 같이 사용하기로 했다고 봅니다. 마치 함께 세탁하면 안 되는 옷들이 있듯이 금속의 반응성 때문에 함께 두면 안 되는 금속들이 있다는 것을 증인을 통해 처음 알았습니다. 그러므로 이번 사건은 두 사람의 과실을 함께 인정할 수밖에 없습니다.

재판이 끝난 후 두 사람이 함께 사용하던 창고를 두 개의 창고로 나누었다. 하나는 철근을 두는 창고이고, 다른 하나는 마그네슘 창고였다.

백금시 전깃줄

백금을 전깃줄로 사용하면 안 되나요?

**사건
속으로**

백금시는 과학공화국에서 백금 생산량이 가장 많은 도시다. 다른 곳에서는 금보다도 귀한 백금이 이 도시에서는 너무 흔해 어린이들이 백금 덩어리로 공기놀이를 할 정도였다.

최근에 백금시는 도시 전역에 전깃줄을 교체하기로 하였다. 전에 쓰던 구리선보다 전기가 잘 통하는 백금으로 전면 교체하자는 것이 이 도시 사람들의 계획이었다.

이렇게 백금시는 세계 최초로 백금 전선을 사용하는 도

시가 되었다. 다른 도시보다 전력이 안정되어 많은 사람들이
더 값싸게 전기를 이용할 수 있었다.

백금시의 전선이 모두 백금이라는 소문은 과학공화국 전역에
퍼지게 되었다. 이때 구리시에서 보석상을 하는 황청동 씨는
백금시의 백금 전선을 훔쳐 보석으로 팔 궁리를 했다.

어두운 밤을 틈타 황청동 씨는 두 명의 조수와 함께 백금시의
전신주로 올라가 백금 전선을 자르기 시작했다. 백금시는 등
이 모두 꺼져 칠흑처럼 어두워졌다.

백금시의 시민들이 하나둘 거리로 몰려나왔다. 그들은 왜 전
기가 끊어졌는지 알아보기 위해 휴대폰으로 여기저기 전화를
걸고 있었다.

그때 시민들은 백금 전선을 잘라 트럭으로 내려오는 세 사람
을 발견했다. 그들은 세 사람을 잡아 화학법정에 고소했다.

전류는 물체의 저항이 작은 금속에서 더 잘 흐릅니다.
가장 저항이 작은 금속은 백금이랍니다.

값이 싸면서 전기도 잘 흐르게 하는 금속은 무엇일까요? 화학법정에서 알아봅시다.

🧑‍⚖️ 피고 측 변론하세요.

👨‍⚖️ 백금시에서 백금은 흔한 금속이지만 다른 도시에서는 값비싼 보석입니다. 그러므로 구리시에 사는 황청동 씨가 백금 전깃줄을 잘라간 행위는 나쁘지만 백금시도 어떤 의미에서 원인 제공을 했다고 봅니다. 그런 면에서 세 사람의 선처를 부탁드립니다.

🧑‍⚖️ 원고 측 변론하세요.

👨‍⚖️ 전도도 씨를 증인으로 요청합니다.

전도도 씨가 증인석에 앉았다.

👨‍⚖️ 전깃줄로 사용되기 위해서는 어떤 성질이 있어야 하나요?

🧑 전기를 잘 흐르게 해야 합니다. 그러니까 금속이어야 하죠.

👨‍⚖️ 모든 금속이 전기를 잘 흐르게 하나요?

🧑 물론 돌멩이나 유리와 같은 비금속보다는 전기를 잘 흐르게 하지만 특별히 전기를 잘 흐르게 하는 금속이 있습니다.

전기가 흐르는 것을 전류라고 하는데, 전류는 물체의 저항이 작은 곳을 지날 때 잘 흐릅니다. 저항이란 전류가 흐르는 것을 방해하는 역할을 하지요.

🙂 그래도 저항이 뭔지 잘 모르겠군요.

🤓 그럼, 실험을 해보죠.

전도도 씨는 경사진 나무판자를 가지고 나왔다. 그리고 구슬을 굴렸다. 구슬들이 순식간에 굴러 내려갔다.

🤓 전류는 전자들의 흐름입니다. 지금 실험에서 구슬을 전자라고 하고 나무판자를 도선이라고 해보죠. 나무판자에는 구슬이 굴러가는 것을 방해하는 것이 없죠? 구슬의 흐름을 방해하는 것을 저항이라고 하지요. 이제 저항이 있는 경우를 보죠.

전도도 씨는 경사진 나무판자에 대못을 촘촘히 박았다. 그리고 구슬을 굴렸다. 구슬이 대못에 부딪쳐 잘 굴러 내려가지 않았다.

🤓 보셨죠? 여기서 대못을 저항이라고 생각하면 됩니다. 그러니까 물체마다 전자의 흐름을 방해하는 것도 있고, 그렇

지 않은 것도 있습니다. 전자의 흐름을 방해하지 않을 때 저항이 작다고 하지요. 그럼 전류가 잘 흐르게 됩니다.

🤓 그럼 전기가 잘 흐르기 위해서는 저항이 작은 금속이 좋겠군요.

😎 그렇습니다.

🤓 백금시는 저항이 작은 백금이 많이 생산되는 곳입니다. 그러므로 그 도시에서 백금을 전선으로 사용하는 것은 당연할 것입니다. 그런데 다른 도시에서 백금 전선을 훔쳐 백금시의 전기가 끊어지게 하는 행위는 엄연한 불법행위이므로 처벌되어야 한다는 것이 본 변호사의 주장입니다.

👴 판결합니다. 백금이 구리에 비해 전기를 잘 흐르게 하는 성질이 있다는 점과 백금시에서는 백금이 흔하다는 점 모두 인정합니다. 하지만 자신의 시에서는 흔한 백금이 다른 도시에서는 비싼 보석이 된다면 백금시의 전깃줄은 많은 사람들이 탐내는 보석이라고 볼 수 있습니다. 그러므로 형평성을 위해 백금시의 전깃줄을 모두 값싼 구리로 바꿀 것을 판결합니다.

재판 후 백금시는 전선을 모두 구리로 교체하고 백금을 다른 도시에 팔아 과학공화국에서 가장 잘사는 도시가 되었다.

짠 이온음료의 비밀

이온음료는 어떤 성질을 가지고 있나요?

<table>
<tr><td>사건
속으로</td><td>사이언스 시티 북부에 있는 작은 도시인 일렉시 사람들은 다른 도시 사람들보다 건강을 많이 챙긴다. 그러니까 그들은 흔히 얘기하는 웰빙족들이다.</td></tr>
</table>

사이언스 시티 북부에 있는 작은 도시인 일렉시 사람들은 다른 도시 사람들보다 건강을 많이 챙긴다. 그러니까 그들은 흔히 얘기하는 웰빙족들이다.

그래서인지 이 도시 사람들은 탄산음료나 커피와 같이 카페인이 많이 들어 있는 음료는 절대 마시지 않는다. 그들은 녹차와 같이 건강에 좋은 차를 선호했는데 날이 더워지자 시원한 음료를 찾기 시작했다. 이들이 주로 먹는 시원한 음료는 이온음료들이었다. 그러니까 기존의 물보다 이온이 많이 들어 있어 갈증해소에 큰 도움을 주었다. 하지만 이온음료의 값이 너무 비싸 가난한 서민들은 먹고 싶어도 사먹지 못했다.

그러던 어느 날 일렉시의 매일렉신문에 다음과 같은 전면광고가 나왔다.

　　　– 새로운 나트륨 이온음료 나트라 탄생
　　　　기존의 이온음료의 10분의 1 가격!!

광고를 본 일렉시 사람들은 슈퍼로 달려가 나트라를 찾았다. 나트라를 사기 위해 길게 줄을 선 모습이 여기저기 진풍경을 이루었다.

나트라의 인기로 다른 이온음료들은 거의 팔리지 않게 되자 이온음료 연합회에서는 나트라가 너무 싸게 이온음료를 팔아 다른 이온음료회사를 죽이고 있다며 나트라를 화학법정에 고소했다.

이온음료는 우리 몸에 필요한 미네랄 이온들을 섭취할 수 있도록 해줍니다.
갈증이 심할 때는 물보다 소금물을 마시면 더 효과가 있답니다.

나트라는 왜 다른 이온음료에 비해 값이 쌀까요? 화학법정에서 알아봅시다.

원고 측 변론하세요.

이온음료 회사는 국민들의 건강에 좋은 음료를 개발하기 위해 엄청난 연구비를 투자했습니다. 그러므로 그런 비용들을 고려하여 가격이 결정된 것입니다. 그런데 나트라는 도대체 어떻게 만들었는지 몰라도 그 값이 맹물과 거의 비슷합니다. 본 변호사는 어떻게 이온음료가 이런 값으로 시장에 나올 수 있는지 매우 궁금합니다. 아마도 나트라가 이온음료가 아니거나 아니면 다른 이온음료회사를 모두 죽이고 독점을 하기 위한 덤핑 판매라고 생각합니다.

피고 측 변론하세요.

염이온 교수를 증인으로 요청합니다.

염이온 교수가 증인석에 앉았다.

우선 이온음료가 무엇인지 간단하게 설명해 주세요.

쉽게 얘기하면 이온이 녹아 있는 물입니다.

어떤 이온이죠?

우리 몸에 필요한 미네랄 이온들이죠. 예를 들면 칼슘,

나트륨, 염소, 마그네슘 이온들입니다.

🧑 그럼, 이온음료가 왜 건강에 좋은 겁니까?

🧑 운동을 통해 땀을 많이 흘리면 몸 속의 수분이 줄어드니까 물을 마셔 수분을 보충해야 합니다. 그런데 땀 속에 물만 있는 것이 아닙니다.

🧑 또 무엇이 있죠?

🧑 조금 전에 말한 몸에 꼭 필요한 미네랄 이온들이 땀과 함께 배출됩니다. 그러므로 잃어버린 미네랄 이온을 보충하기 위해 이온음료를 마시는 것입니다.

🧑 그렇군요. 그럼 나트라는 왜 다른 이온음료보다 싼 거죠?

🧑 나트라를 정밀 분석해 본 결과 나트라는 단순한 소금물이었습니다.

🧑 그럼 나트라가 사기를 친 건가요?

🧑 그렇지 않습니다. 소금물은 소금이 물에 녹아 있는 물입니다. 그런데 소금이 물에 녹으면 나트륨 이온과 염소 이온으로 분리됩니다. 그러니까 소금물은 이온음료가 맞습니다. 다만 나트륨이 아닌 다른 금속 이온, 그러니까 마그네슘이나 칼슘 이온 등은 포함하고 있지 않다는 것이 다른 이온음료와 다른 점이죠.

🧑 그렇습니다. 소금물은 나트륨 이온과 염소 이온이 녹아 있는 이온수입니다. 그러니까 엄밀히 말해 이온음료인 셈이

죠. 그러므로 나트라는 어떤 사기 판매도 하지 않았다는 것을 말씀드리고 싶습니다.

🗨 판결합니다. 나트라의 소금물이 이온음료라는 점은 인정합니다. 하지만 나트라에는 미네랄 이온이 나트륨 이온 하나뿐인 데 비해 다른 음료들은 칼슘이나 마그네슘 이온 같은 다른 종류의 미네랄 이온도 포함하고 있습니다. 그러므로 나트라측에서는 나트라가 소금물이며 나트륨 이온만을 포함하는 이온음료임을 밝혀야 할 것입니다.

재판 후 나트라의 판매가 떨어지기는 하였지만 여전히 다른 이온음료가 소금물에 다른 이온이 좀 더 녹아 있는 물이라는 사실 때문인지 다른 이온음료의 매출도 썩 올라가지는 않았다.

금속의 반응성

모든 금속은 원자로 이루어져 있습니다. 원자는 양의 전기를 띤 원자핵과 그 주위를 도는 전자로 이루어져 있습니다. 그런데 금속에서는 원자핵 주위를 돌지 않고 도망쳐 나와 집시들처럼 몰려다니는 전자들의 떼가 있습니다. 이들은 원자핵으로부터 자유롭기 때문에 자유전자라고 부릅니다. 이렇게 전자들이 자유롭게 이동하기 때문에 금속이 전기가 잘 통하는 성질을 갖고 있는 것이죠.

보통 원자 속에서 원자핵이 가지고 있는 양의 전기와 전자들이 가지고 있는 음의 전기는 균형을 맞추고 있습니다. 그러니까 보통의 경우 원자는 양의 전기와 음의 전기가 평형을 이루어 전기를 띠지 않습니다. 물론 원자로 이루어진 금속도 마찬가지죠.

그런데 어떤 상황에서 금속이 전자를 잃어버리면 양의 전기가 더 많으므로 양의 전기를 띠게 되는데 그것을 양이온이라고 부릅니다. 주로 금속은 전자를 잃어버려 양이온이 되고 비금속은 전자를 얻어 음이온이 되려는 성질이 있습니다.

그럼 여러 개의 금속들이 만날 때 어떤 금속이 양이온이 될까요? 그것을 금속의 반응성이라고 하는데, 양이온이 되기 쉬운 금속일수록 반응성이 큰 금속이라고 말합니다. 몇몇 금속에 대한 반응성을 보면 다음과 같습니다.

칼륨 〉나트륨 〉마그네슘 〉알루미늄 〉아연 〉 철 〉주석 〉납 〉구리 〉은 〉금

금속의 반응성이 큰 것이 양이온이 됩니다.

여기서 왼쪽에 있을수록 반응성이 큽니다. 그러니까 칼륨은 반응성이 가장 큰 금속이죠. 그러니까 칼륨은 양이온인 칼륨 이온이 되기 쉽다는 얘기죠. 그래서 칼륨을 찬물에 넣어도 칼륨 이온이 음이온인 수산소 이온과 화합하여 수소 기체를 만드는 것입니다.

제9장

산과 염기에 대한 사건

중화반응_ 오줌의 해독작용
벌에 쏘인 곳에 어떤 응급조치를 취해야 할까요?

산의 성질_ 내 머리카락 돌려줘
산성비를 맞으면 머리카락이 빠질까요?

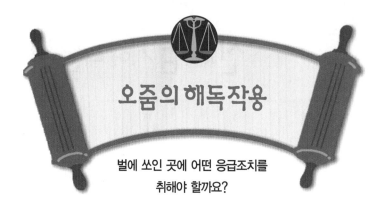

오줌의 해독작용

벌에 쏘인 곳에 어떤 응급조치를
취해야 할까요?

|사건|조향기 양은 항상 향수를 바르고 다닌다. 몸매와 외모뿐
|속으로|아니라 그녀에게서 나는 새로운 향수 냄새는 많은 남자
들의 눈과 코를 자극하기에 충분했다.

조향기 양은 남자들이 자신의 향수 냄새에 도취되는 것
을 즐겼다. 최근 그녀는 인터넷 사진 동아리에 가입했다.
사진 동아리는 전국을 돌아다니며 자연을 촬영하는 동아
리였다. 물론 그 동아리에서도 조향기 양의 인기는 그야
말로 '짱'이었다.

어느 날 동아리에서 하니 마을에 촬영을 가게 되었다. 하니 마을은 과학공화국에서 벌꿀을 가장 많이 생산하는 곳이었다. 동아리에서는 벌집을 가까이에서 촬영하기로 하였다.

워낙 벌들이 많이 모여 있어 벌에 쏘일 위험성이 있으므로 모든 사람들은 얼굴과 온몸을 가려야 했다. 하지만 조향기 양은 그런 이상한 복장이 맘에 들지 않았다. 자신의 향기와 외모가 죽어버리기 때문이었다.

동아리 사람들과 동행할 민간요 할머니는 조향기 양에게 옷을 입으라고 했지만 조향기 양은 완강하게 이를 거부했다. 결국 할머니와 동아리 사람들과 두세 명의 어린아이들과 함께 벌집으로 향했다.

벌집을 가까이에서 촬영하려고 다가선 조향기 양의 렌즈가 실수로 벌집을 건드렸다. 순간 수많은 벌들이 조향기 양에게 달려들었다.

할머니는 벌들에게 온몸을 쏘인 조향기 양을 향해 아이들에게 오줌을 싸게 했다.

조향기 양은 벌에 쏘인 것도 원통한데 자신의 몸에 오줌을 싸게 했다며 민간요 할머니를 화학법정에 고소했다.

오줌 속의 암모니아수가 벌침 속의
산을 중화시켜 해독 작용을 한답니다.

여기는
화학법정

벌에 쏘인 곳에 오줌을 싸면 효과가 있을까요? 화학법정에서 알아봅시다.

화학짱 판사

🧑‍⚖️ 원고 측 변론하세요.

👩‍⚖️ 민간요 할머니를 증인으로 요청합니다.

꼬부랑 할머니가 지팡이를 짚고 증인석으로 걸어갔다.

캠스 변호사

👩‍⚖️ 할머니가 벌에 쏘인 조향기 양에게 아이들을 시켜 오줌을 싸라고 했습니까?

👵 그런데유. 뭐가 잘못됐나유?

👩‍⚖️ 무슨 이유라도 있습니까?

👵 시골에서는 다 그렇게 해유. 그게 벌 독을 없애는 지름길이어유.

👩‍⚖️ 지금 피고인 민간요 할머니는 과학적으로 입증되지 않은 민간요법을 조향기 양에게 사용하였습니다. 민간요법은 과학적으로 그 효능이 알려진 것도 있지만 그렇지 않은 것도 있다는 것을 생각할 때 이번 사건으로 조향기 양은 아이들의 오줌 때문에 심한 모욕감을 느꼈으므로 그것에 대한 정신적 위자료를 청구합니다.

🧑‍⚖️ 피고 측 말씀하세요.

😎 이중화 교수를 증인으로 요청합니다.

검은 정장 차림의 신사가 증인석에 앉았다.

😎 증인은 중화반응의 전문가로 알려져 있습니다. 혹시 이번 사건도 중화반응과 관계 있습니까?

😎 그렇습니다.

😎 우선 중화반응에 대해 간단히 설명해 주시겠습니까?

😎 우리 주위에는 황산과 염산처럼 산성을 띠는 물질과 양잿물처럼 염기성을 띠는 물질이 있습니다. 산성을 띠는 물질과 염기성을 띠는 물질을 섞으면 산성도 염기성도 아닌 물질이 만들어지는데 그것을 중화반응이라고 합니다.

😎 어떻게 이번 사건이 중화반응과 관계가 있는 거죠?

😎 벌침 속에는 산이 들어 있습니다. 그래서 아픈 거죠. 그러니까 산을 중화시켜 중성으로 만들어야 합니다.

😎 중화반응이라면 염기를 섞어야 한다는 얘기인데요?

😎 그렇습니다. 오줌은 대부분이 물이지만 오줌 속에는 암모니아수가 들어 있죠. 이것은 염기성을 띠거든요. 그러니까 민간요 할머니의 방법은 벌침 속의 산을 오줌 속의 염기로 중화시키는 거죠.

😎 그렇습니다. 오줌 속에는 염기성을 띤 암모니아수가 있

습니다. 암모니아수는 벌침 속의 산을 중화시킬 수 있으므로 벌에 쏘인 곳에 오줌을 바르는 것은 과학적인 방법이라고 볼 수 있습니다. 그러므로 민간요 할머니는 죄가 없다는 것이 본 변호사의 주장입니다.

🧑‍⚖️ 판결합니다. 이 세상에는 더러워 보이지만 약으로 쓰이는 물질이 있습니다. 물론 병원에서 사용하는 약은 가장 깔끔한 형태로 만들어진 것입니다. 하지만 이번 경우처럼 갑자기 벌에 쏘여 고생을 하고 있는 아가씨에게 오줌을 발라주는 것은 분명한 중화반응입니다. 그러나 어린이들이 아가씨를 향해 오줌을 누게 하는 것보다는 오줌을 발라주는 것이 좀 더 덜 지저분해 보이지 않았을까 하는 생각이 듭니다.

재판 후 조향기 양은 자신을 도와주려고 오줌을 싸게 한 민간요 할머니에게 고맙다는 얘기를 하며 화해했다.

내 머리카락 돌려줘

산성비를 맞으면 머리카락이 빠질까요?

**사건
속으로**

과학공화국의 북부에 아주 조그만 켐스 마을이 있다. 이 마을은 전에는 아주 조용하고 깨끗한 곳이었지만 몇 년 전 공화국 최대의 섬유공단인 케미칼 공단이 들어오고 나서부터는 스모그현상이 심해져 맑은 하늘을 보기가 어려울 정도로 피폐해져 갔다. 대부분의 켐스 마을 사람들은 쾌적한 다른 도시로 이주했지만 대대로 그 마을에서 살고 있던 이대모 씨는 혼자 텃밭을 가꾸며 몇 안 남은 마을 사람들과 농사를 지으며 살고 있었다.

이대모 씨의 집안은 대대로 대머리가 유전되었는데 케미칼 공단이 들어오고 나서부터는 머리카락이 점점 더 빠른 속도로 빠졌다.

어느 날 이대모 씨는 공장 굴뚝에서 뿜어내는 오염 물질들 때문에 산성비가 내리면 머리카락이 빠지는 현상이 생길 수 있다는 사실을 알게 되었다. 그리고 이대모 씨는 자신의 급격한 탈모현상의 책임이 케미칼 공단에 있다며 케미칼 공단을 화학법정에 고소했다.

산성비는 식물이나 금속들에겐 나쁜 영향을 끼칩니다.
그러나 산성비 때문에 머리카락이 빠진다는 것은 아직 과학적으로 증명되지 않았답니다.

산성비는 머리카락에 어떤 나쁜 영향을 줄까요? 화학법정에서 알아봅시다.

 원고 측 말씀하세요.

대머리는 다른 사람들보다 머리카락이 많이 빠진 사람을 말합니다. 대머리는 유전으로 알려져 있지만 외부의 환경 변화나 스트레스 때문에 일어날 수 있습니다. 케미칼 공단이 들어오고 나서부터 이대모 씨의 머리카락이 더 심하게 빠지고 있다면 그것은 바로 케미칼 공단이 환경오염을 일으키기 때문이라고 본 변호사는 생각합니다.

피고 측 말씀하세요.

강산해 씨를 증인으로 요청합니다.

강산해 씨가 증인석에 앉았다.

 증인이 하는 일을 간단히 설명해 주세요.

 저는 모든 종류의 산에 대한 연구를 하고 있습니다.

 이번 사건이 산과 관계 있다고 생각하십니까?

 그렇습니다. 공장에서 나오는 매연이 산성비의 원인이라고 생각합니다.

 산성비는 어떻게 생기죠?

공장에서 나오는 아황산가스나 질소산화물들이 하늘로 올라가 비와 섞여 내리면 비가 산성을 띠게 되는데 그것을 산성비라고 합니다. 그것은 아황산이나 질소산화물이 산성을 띠기 때문이죠.

산성비를 맞으면 어떤 위험이 있죠?

산은 금속을 부식시키는 성질이 있죠. 그러니까 금속으로 만든 조형물들이 산성비 때문에 더 빨리 부식됩니다. 또한 호수에 떨어진 산성비로 인해 호수의 물고기들이 죽기도 하고 숲 속의 나무를 죽게 하는 등 산성비의 피해는 헤아릴 수 없을 정도로 많습니다.

그럼 산성비가 머리카락을 빠지게 할 수도 있습니까?

글쎄요. 그건 제 분야가 아니어서.

두 번째 증인으로 모발 외과의 김모발 박사를 요청합니다.

머리가 완전히 벗어진 50대 남자가 증인석에 앉았다.

산성비를 맞으면 머리카락이 빠집니까?

글쎄요. 그 부분에 대해서는 의학계에서 논란이 되고 있습니다. 일부는 그렇다고 하고 일부는 그렇지 않다고 하고……. 그러니까 뭐라고 딱 꼬집어 말할 수 없네요.

증인은 산성비를 많이 맞았습니까?

이건 아버님이 물려주신 겁니다. 저희 집안은 대대로 대머리가 좀 심합니다.

알겠습니다. 산성비가 농작물이나 철근 구조물, 식물들에게 나쁜 영향을 준다는 것은 과학적으로 알려져 있지만, 대머리가 되는 것과의 확실한 인과관계가 아직까지 알려져 있지 않습니다.

판결합니다. 점점 산성비의 폐해가 늘어나고 있습니다. 하지만 이번 재판은 산성비와 대머리 사이의 관계에만 국한시켜야 할 것입니다. 그런 의미에서 본다면 둘 사이의 인과관계를 밝힐 증거가 너무 불충분하다고 생각합니다.

이대모 씨는 재판 결과에 불복하여 상고하였으나 산성비와 탈모 사이의 인과관계를 과학적으로 밝힐 수 없어 패소하였다. 그 후 재판을 포기한 이대모 씨는 가발을 쓰고 다니고 있고, 일부 연구소에서는 산성비와 탈모 사이의 관계를 밝히려는 연구가 진행 중이다.

산과 염기

산은 레몬이나 식초에 들어 있고 신맛이 나는 물질입니다. 하지만 산에도 식초에 들어 있는 아세트산처럼 약한 것도 있지만 황산이나 염산처럼 물건에 닿기만 해도 물건을 녹이는 무시무시한 것도 있습니다. 그러니까 먹어보고 신맛을 느끼려고 하면 아주 위험하지요. 혀가 녹아버릴지도 모르니까요.

그럼, 어디에 산이 들어 있는지 알아보죠. 우리 몸은 탄수화물, 지방, 단백질과 무기물로 이루어져 있습니다. 여기서 계란 노른자에 많이 들어 있는 단백질을 이루는 작은 알갱이는 아미노산이라고 부르는 산입니다.

사과와 같은 톡 쏘는 맛을 내는 과일에도 산이 들어 있습니다. 그 산의 이름은 아스코르브산인데, 이것이 바로 비타민C를 나타내는 단어입니다. 또한 오렌지나 레몬에도 산이 들어 있는데, 그것의 이름은 시트르산입니다.

산을 금속에 부으면 수소 기체가 보글보글 생깁니다. 이것은 화학에서 아주 중요한 반응이지요. 그리고 이 방법으로 수소 기체가 처음 발견되었습니다.

그럼 염기는 무엇일까요? 염기는 쓴맛이 나며 만지면 미끈

미끈한 성질을 가지는 물질로 대표적인 염기로는 수산화나트륨이나 암모니아수가 있습니다. 그럼 염기를 사용하는 물건에는 어떤 것이 있을까요? 염기가 미끈미끈한 성질이 있기 때문에 염기성 물질은 주로 비누의 재료가 됩니다. 우리나라에서는 비누가 나오기 전에 수산화칼륨이나 수산화나트륨을 물에 녹여 비누 대신 사용해왔지요.

사과에 들어 있는 산은 아스코르브산이고,
오렌지나 레몬에 들어 있는 산은 시트르산이죠.

물질이 산성을 띠고 있는지 염기성을 띠고 있는지를 쉽게 알아 볼 수 있는 방법은 리트머스 시험지를 사용하는 것입니다. 리트머스 시험지에는 파란색과 빨간색의 두 종류가 있지요. 파란 리트머스 시험지를 산성인 물질에 담그면 빨갛게 변하고 빨간 리트머스 시험지를 염기성 물질에 담그면 파랗게 변하게 됩니다. 이것보다 더 쉽게 산성과 염기성을 확인할 수 있는 방법은 없답니다.

중화반응

산과 염기가 섞이면 어떤 일이 벌어질까요? 강렬한 반응이 일어나는데 그것을 중화반응이라고 합니다. 예를 들어 염산과 수산화나트륨을 섞으면 염화나트륨이라는 물질과 물이 만들어지는데, 이 두 물질은 산성도 염기성도 띠지 않습니다. 그래서 이런 반응을 중화반응이라고 부릅니다. 이때 물 이외에 만들어지는 물질을 염이라고 합니다. 그러니까 일반적인 중화반응은 다음과 같습니다.

산 + 염기 ➔ 물 + 염

제10장

열에 대한 사건

열 용량_무식하게 큰 체온계
체온계의 크기는 어느 정도가 좋을까요?

혼합물의 끓는점_라면 빨리 끓이는 법
라면을 빨리 끓이는 방법은 무엇일까요?

기체의 온도와 부피_온천탕, '튜브금지'
뜨거운 물에서 튜브를 타면 위험할까요?

분자의 확산_지독한 발 냄새
뜨거운 방에서는 왜 발 냄새가 더 잘 퍼질까요?

무식하게 큰 체온계

체온계의 크기는 어느 정도가 좋을까요?

**사건
속으로**

과학공화국의 써모 시티에 장무식 원장이 운영하는 무식 내과가 생겼다. 써모 시티는 낮과 밤의 기온 차이가 심해 독감 환자들이 많아 내과가 가장 잘되는 곳이다.

다른 도시에서 내과를 운영하던 장무식 원장도 소문을 듣고 써모 시티에 병원을 차린 것이다. 보통 감기 환자의 경우에는 열이 많기 때문에 그들의 체온을 먼저 재야 했다.

장무식 원장은 다른 내과와는 다른 모습을 환자들에게 보여 주기 위해 세상에서 가장 큰 체온계를 만들었다. 체온계가 어른 키만 했기 때문에 두 명의 간호사가 들고 와야 할 정도였다.

무식내과의 초대형 체온계를 보기 위해 많은 감기 환자들이 무식내과로 몰렸다. 그리고 자신들의 체온을 거대한 체온기로 확인할 수 있었다.

써모 시티에서 최근에 아이를 낳은 김외조, 이내조 부부는 소문난 잉꼬부부였다. 그들은 또한 결혼 10년 만에 가진 아이를 보며 행복에 도취되어 있었다.

그러던 어느 날, 이내조 씨는 아이가 많이 울어 아이의 머리를 만져 보았다. 아이의 이마가 불덩어리처럼 뜨거웠다. 이내조 씨는 남편과 함께 아이를 데리고 성급히 무식내과로 갔다. 두 명의 간호사들이 초대형 체온계를 가지고 나와 바닥에 눕혔다. 그리고 아이를 체온계 위에 올려놓았다. 아이의 체온은 정상이었다.

의사는 열이 없으니 그냥 돌아가라고 했다. 의사의 말만 믿고 김외조 씨 부부는 집으로 돌아왔다. 그런데 아이는 계속 보챘고 몸은 불덩어리였다.

다시 아이를 차에 태우고 이내조 씨는 다른 병원으로 갔다. 의사는 작은 체온계로 아이의 체온을 재더니 이렇게 말했다. "체온이 39도입니다. 왜 이렇게 체온이 오르도록 가만히 있었습니까?"

"무식내과에서 체온을 쟀을 때는 정상이던데요."

"40도를 넘으면 아이에게 큰일이 일어났을 거예요."

김외조 씨는 아이의 체온을 잘못 쟨 장무식 원장을 화학법정
에 고소했다.

체온계가 작을수록 사람 몸의 온도가 제대로 전달됩니다.
사람 몸의 아주 작은 열이 바로 흘러 들어가기 때문이죠.

체온계가 크면 아이의 체온이 잘못 측정될 수 있을까요? 화학법정에서 알아봅시다.

화학짱 판사

화치 변호사

켐스 변호사

🙂 피고 측 변론하세요.

😊 열은 온도가 높은 곳에서 낮은 곳으로 흐릅니다. 그러므로 온도계가 크든 작든 간에 온도계가 차고 아이의 머리가 뜨거우면 열은 아이의 머리에서 온도계로 흘러들지요. 그로 인해 온도계는 아이의 온도와 같은 온도까지 올라갑니다. 그런데 온도계가 크다고 해서 아이의 온도를 제대로 잴 수 없다는 원고 측의 주장은 근거가 없다고 생각합니다.

😊 원고 측 변론하세요.

😊 이열 박사를 증인으로 요청합니다.

이열 박사가 증인석에 앉았다.

😮 체온계로 온도를 재는 원리에 대해 설명해 주시죠.

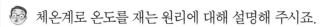
😮 열은 뜨거운 곳에서 차가운 곳으로 이동합니다. 그러고는 곧 두 개의 온도가 같아지는데 이것을 열평형 상태라고 합니다. 그러니까 열평형 상태에 도달하면 뜨거운 물체도 차가운 물체도 같은 온도가 되는 거죠.

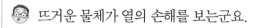
😮 뜨거운 물체가 열의 손해를 보는군요.

그렇습니다. 뜨거운 물체에서 빼앗긴 열이 차가운 물체로 흘러 들어가니까요.

그렇다면 차가운 물체의 부피에 따라 뜨거운 물체가 빼앗기는 열의 양도 차이가 있습니까?

물론이죠. 차가운 물체가 클수록 빼앗기는 열의 양이 더 많습니다. 그러니까 열을 조금 빼앗기려면 차가운 물체의 부피가 작아야 합니다.

체온계의 원리는 무엇이죠?

사람 몸의 온도를 재는 것이죠. 이때 체온계의 온도는 사람의 온도보다 낮지요. 그러니까 사람에서 체온계로 열이 흘러 들어가 같은 온도에 도달하는 것입니다.

체온계의 크기와 상관 있습니까?

체온계가 작으면 사람 몸에서 체온계로 아주 작은 열이 흘러 들어가서 사람과 체온계가 같은 온도가 되죠. 그러니까 이때 체온계의 온도는 사람의 처음 온도와 거의 같아요. 왜냐하면 사람의 몸에서 빼앗긴 열이 너무 작으니까요. 하지만 체온계가 커지면 상황은 달라지죠. 똑같이 사람에서 체온계로 열이 흐르지만 이때는 훨씬 더 많은 열이 체온계로 흐르죠. 그러니까 원래 온도보다 낮은 온도가 체온계에 기록됩니다.

그렇습니다. 이번 사건은 너무 큰 체온계를 사용하여 아이의 온도가 낮게 측정되어 일어난 사건입니다. 의사의 오진은 사람을 죽일 수도 있다는 점을 고려할 때 무식한 체온계를 사용하여 사람의 온도를 엉망으로 잰 무식내과에게 그 책임이 있다고 봅니다.

원고 측의 의견에 전적으로 공감합니다. 사람을 다루는 의술은 인술이기도 합니다. 또한 현대사회에서 의학은 과학입니다. 그런데 의사가 그 정도의 화학적 지식도 몰랐다는 것은 이해할 수 없는 일입니다. 그러므로 이번 사건에 대해 무식내과의 유죄를 선고합니다.

재판 후 무식내과는 작은 체온계를 사용했다. 그리고 김외조 씨 가족에게 정중하게 사과했다.

라면 빨리 끓이는 법

라면을 빨리 끓이는 방법은 무엇일까요?

**사건
속으로**

농삼시 사람들은 라면을 너무 좋아한다. 그래서인지 이
도시에는 라면 가게들이 많다. 농삼시의 조그만 동네인
스푸스에 같은 날 나란히 두 개의 라면 집이 생겼다.

하나는 라면발 씨가 운영하는 라면하우스이고, 다른 하
나는 졸라면 씨가 운영하는 라면시티였다. 두 가게는 첫
날부터 치열한 경쟁에 들어갔다.

라면발 씨와 졸라면 씨는 서로 마주쳐도 아는 척을 하지
않는 사이였다. 두 집은 같은 회사의 라면을 사용했고 두

사람이 끓인 라면의 맛은 거의 비슷했다.

하지만 두 사람은 라면을 끓이는 순서가 달랐다. 졸라면 씨는 물을 먼저 끓이는 반면 라면발 씨는 물에 스프를 넣고 끓였다. 그런데 항상 라면발 씨의 라면이 더 빨리 끓었다.

이 사실을 우연히 알게 된 라면발 씨는 동네에 다음과 같은 벽보를 붙였다.

– 라면하우스가 라면시티보다 더 빨리 라면을 만듭니다.

광고의 효과는 예상 밖으로 컸다. 짧은 점심시간을 라면으로 간단히 때우고 커피 한잔의 여유를 즐기려는 직장인들에게 라면이 빨리 나오면 그만큼 휴식시간이 길어지기 때문이었다. 그날부터 라면시티보다는 라면하우스에 손님이 북적거렸다. 이에 졸라면 씨는 라면발 씨가 허위 과장 광고를 했다며 그를 화학법정에 고소했다.

혼합물은 물보다 끓는점이 높답니다.
그래서 물에 스프를 넣어서 끓이면 라면이 빨리 끓는 것이죠.

왜 라면발 씨의 라면이 먼저 끓을까요? 화학법정에서 알아봅시다.

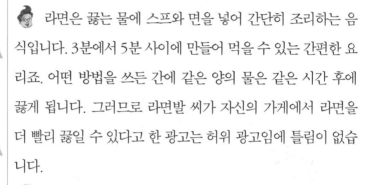

🧑‍⚖️ 원고 측 변론하세요.

라면은 끓는 물에 스프와 면을 넣어 간단히 조리하는 음식입니다. 3분에서 5분 사이에 만들어 먹을 수 있는 간편한 요리죠. 어떤 방법을 쓰든 간에 같은 양의 물은 같은 시간 후에 끓게 됩니다. 그러므로 라면발 씨가 자신의 가게에서 라면을 더 빨리 끓일 수 있다고 한 광고는 허위 광고임에 틀림이 없습니다.

🧑‍⚖️ 피고 측 변론하세요.

비등점 박사를 증인으로 요청합니다.

비등점 박사가 증인석에 앉았다.

🧑‍⚖️ 증인이 하는 일을 간단히 설명해 주세요.

저는 액체의 끓는점에 대한 연구를 하고 있습니다.

🧑‍⚖️ 물도 액체이니까 물의 끓는점도 연구하시는군요?

물론이죠.

🧑‍⚖️ 물은 섭씨 100도에서 끓지요?

순수한 물이라면 그렇죠.

🧑‍⚖️ 순수하다는 것은 무엇을 말하는 거죠?

🧑 말 그대로 물만 있는 것을 말하죠.

🧑 물 속에 뭔가가 섞여 있으면 끓는점이 달라지나요?

🧑 그렇습니다. 그런 것을 혼합물이라고 하지요. 이렇게 혼합물이 되면 순수한 물보다 끓는점이 높아집니다.

🧑 그럼 스프를 물에 넣고 끓이면 그냥 물만 끓일 때보다 끓는점이 높아지겠군요.

🧑 그렇습니다. 공급된 에너지가 물을 끓이는 데만 쓰이지 못하고 스프를 데우는 데도 쓰이기 때문이죠. 그래서 100도보다 높은 온도가 되어야만 스프를 넣은 물이 끓게 되죠.

🧑 물보다는 소금물이 더 늦게 끓습니다. 그것은 공급된 열에너지가 물뿐 아니라 소금을 데우는 데도 사용되기 때문입니다. 라면의 경우도 마찬가지입니다. 스프를 먼저 넣고 끓이는 경우는 그냥 물만 먼저 끓이는 경우보다 더 많은 열에너지가 필요하므로 더 늦게 끓기 시작합니다. 하지만 섭씨 100도보다 더 높은 온도에서 끓기 때문에 라면을 더 빨리 익힐 수 있습니다. 그러므로 라면발 씨의 광고는 허위 광고가 아니라고 주장합니다.

🧑 최근 인스턴트 식품이 날로 늘어나 사람들의 건강을 해치고 있습니다. 라면도 물론 간단히 조리해 먹을 수 있는 인스턴트 식품입니다. 인스턴트 식품을 선호하는 것은 사람들의 생활 템포가 그만큼 바빠졌기 때문입니다. 그런 의미에서

본다면 인스턴트 식품에서는 맛 못지않게 음식이 나오는 속도도 중요하다고 볼 수 있습니다. 그러므로 이번 사건의 경우 피고 측 증인이 분석한 바와 같이 라면발 씨의 라면이 졸라면 씨의 라면보다 더 빨리 끓는다는 점을 인정합니다.

라면발 씨의 허위 광고에 대한 오해가 풀렸다. 그리고 졸라면 씨도 물과 함께 스프를 넣어 끓이기 시작했다.

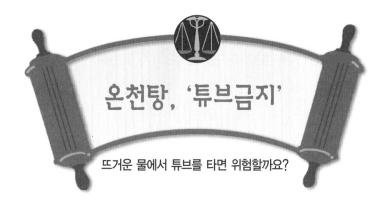

온천탕, '튜브금지'

뜨거운 물에서 튜브를 타면 위험할까요?

과학공화국 북서부지방에 있는 옐로우스톤시는 활화산 지대이기 때문에 곳곳에서 연기가 피어 나오는 곳이다. 최근 웰빙 붐을 타고 이 지역에는 많은 노천탕이 생겼다. 옐로우스톤시의 노천탕 중 가장 유명한 곳은 핫레이크라는 호수였다. 이곳은 옐로우스톤시에서 가장 클 뿐 아니라 일 년 내내 김이 모락모락 피어날 정도로 물이 뜨겁기 때문에 많은 사람들이 모여들었다. 하지만 핫레이크에도 문제는 있었다. 이곳의 수심이 다른 곳에 비해 깊어서 수영을 할 줄 모르는 사람은 들어갈 수 없었다.

사이언스 시티에 사는 물무서 씨는 수영을 전혀 할 줄 모른다. 그래서 물에 들어갈 때 그의 가장 친한 친구는 바로 튜브였다. 핫레이크의 물이 몸에 좋다는 소문을 들은 물무서 씨는 튜브를 챙겨 핫레이크로 갔다.

핫레이크에는 소문을 듣고 몰려온 많은 사람들로 붐볐다. 물무서 씨가 튜브를 옆에 끼우고 물에 들어갔다. 물무서 씨는 튜브를 꼭 잡고 수영를 했다.

물무서 씨는 튜브를 타고 두 팔로 노를 저으면서 점점 더 깊은 데로 들어갔다. 수심이 깊어서인지 그곳은 사람들이 뜸했다. 엉덩이가 따뜻해서 신이 난 물무서 씨는 튜브만 믿고 가장 깊은 곳으로 간 것이었다.

잠시 후 '펑' 소리와 함께 튜브가 터졌다. 물무서 씨는 물에 빠져 허우적거렸다. 사람이 별로 없는 곳이어서 물무서 씨가 살려달라고 외치는 소리가 잘 들리지 않았다.

물무서 씨의 머리가 물 속에 들어가는 모습을 본 호수관리인이 물무서 씨를 구조했지만 물무서 씨는 너무 많은 물을 먹어 며칠 동안 병원에 입원해야 하는 신세가 되었다.

물무서 씨는 튜브가 터진 책임이 핫레이크의 수온이 높아서 그런 것이라며 이에 대한 주의사항을 알리지 않은 핫레이크를 화학법정에 고소했다.

기체의 온도가 올라가면 부피가 커지는 성질이 있어요.
그러니 뜨거운 물에서 튜브가 터지게 되는거죠.

물이 뜨거우면 튜브가 터질 수도 있나요? 화학법정에서 알아봅시다.

화학짱 판사

화치 변호사

켐스 변호사

피고 측 변론하세요.

뜨거운 물이라고 해서 튜브가 터진다는 것은 말이 되지 않습니다. 단지 튜브 속의 공기가 뜨거워질 뿐이지 튜브가 터질 만한 화학적인 변화는 일어나지 않습니다. 그러므로 물무서 씨의 튜브가 불량품이어서 이번 사고가 일어난 것이지 핫레이크의 수온이 높은 것과는 아무런 관계가 없다고 주장합니다.

피고 측 변론하세요.

샤를로우 연구소의 김사룰 박사를 증인으로 요청합니다.

김사룰 박사가 증인석에 앉았다.

수온이 높으면 튜브가 터질 수 있나요?

샤를의 법칙 때문이죠.

그게 뭐죠?

기체는 온도가 올라가면 팽창한다는 거죠.

그것이 이번 사건과 무슨 관계가 있죠?

튜브 속에는 공기가 들어 있습니다. 공기의 밀도가 물의 밀도보다 작아서 튜브가 물에 뜨게 되는 것이죠. 그런데 뜨거운 물에서는 튜브 속의 공기가 뜨거워져서 팽창을 하게 됩니다. 그러다 보니 자연히 튜브가 터지게 되는 것입니다.

🧑 잘 이해가 안 가는군요.

🧑 좋습니다. 그럼 실험을 해 보이죠.

김사를 박사는 물통을 가지고 왔다. 물통 속에는 뜨거운 물이 들어 있었다. 그리고 그는 풍선을 불었다. 풍선을 물통에 넣자마자 점점 부풀어 오르다가 터졌다.

🧑 사실이군요.

🧑 보시다시피 뜨거운 물이 풍선에 에너지를 주게 됩니다. 그로 인해 풍선 속의 공기는 더워지죠. 온도가 올라간 공기는 팽창하므로 그것을 견딜 수 없어 풍선이 터지게 되는 것입니다.

🧑 재판관님이 실험을 통해 본 것처럼 핫레이크에서 튜브가 터진 것은 바로 물이 뜨겁기 때문입니다. 그러므로 핫레이크는 튜브를 금지시키는 조치를 취했어야 합니다. 그럼에도 불구하고 핫레이크는 튜브를 들고 들어가는 사람들에게 어떤 주의사항도 알려 주지 않았습니다. 그러므로 물무서 씨가 물에 빠진 것은 핫레이크의 책임이 크다고 할 수 있습니다.

🦁 판결합니다. 기체의 부피와 온도와의 관계는 잘 보았습니다. 기체의 온도가 올라가면 부피가 커지는 성질이 있네요. 원고 측이 주장한 대로 튜브 속 공기의 팽창이 일어나 튜브가 터질 수도 있다면 그것을 막아야 하는 책임이 핫레이크에 있다고 판결합니다.

재판 후 핫레이크는 물무서 씨의 병원비를 모두 보상했다. 그날 이후 핫레이크에는 '튜브사용금지'라는 간판이 걸렸다.

지독한 발 냄새

뜨거운 방에서는 왜 발 냄새가
더 잘 퍼질까요?

**사건
속으로**

벤젠 대학에 다니는 이족향 군은 친구들과 족구를 차는 것을 좋아한다. 그는 앉은자리에서 혼자 갈비 10인분을 먹어 치울 정도로 식성이 좋았다.

그날도 이족향 군은 친구들과 학교 운동장에서 족구 시합을 했다. 진 팀이 돼지갈비를 사기로 하고 시합을 했는데 이족향 군의 화려한 발 기술 덕분에 이족향 군이 속한 팀이 이겼다.

그리하여 이족향 군과 친구들은 대학교 앞에 새로 생긴 돼지갈빗집인 '돈갈'에 갔다. 길에서 그들은 같은 과 여학생들을 만났다. 여학생들 중에는 이족향 군에게 관심이 있는 오내숭 양도 있었다.

여학생들도 마침 돈갈에 가는 길이라 이족향 군 일행과 함께 가기로 했다.

마침 날이 무덥고 습기가 많아 온몸이 땀에 뒤범벅이 되었지만 마땅히 씻을 데가 없어 이족향 군 일행은 그대로 돈갈로 들어갔다. 식당에는 신발을 벗고 올라가는 좌석과 신발을 벗지 않고도 먹을 수 있는 테이블 좌석이 있었다.

이족향 군의 친구인 김무취 군이 신발을 벗고 방으로 가서 먹자는 제안을 했다. 하지만 다른 친구들에 비해 발 냄새가 지독한 이족향 군은 바깥 테이블에서 식사를 하자고 했다. 그런데 김무취 군이 너무 강하게 우겨댔다.

이족향 군은 어쩔 수 없이 일행과 함께 방에 들어갔다. 이족향 군의 발에서 나온 냄새가 방 전체에 퍼졌다. 도저히 냄새가 지독해 식사를 할 수 없다고 여긴 여학생들이 다른 식당에서 먹겠다며 일어났다.

이족향 군에게 관심을 보였던 오내숭 양도 코를 막고 식당을 빠져나갔다. 이 사건 이후 같은 과 여학생 중에서 이족향 군을 좋아하는 여학생은 한 명도 없었다.

이족향 군은 이 모든 것이 김무취 군이 방으로 들어가자고 우겨서 일어난 것이라며 김무취 군을 화학법정에 고소했다.

발 냄새를 일으키는 분자들은 온도가 올라가면 에너지가 커져 더 빨리 움직여요.
그러니까 발에 땀이 나면 발 냄새가 지독해지는 것이랍니다.

왜 신발을 벗으면 발 냄새가 더 많이 날까요? 화학법정에서 알아봅시다.

🧑‍⚖️ 피고 측 변론하세요.

👨 김무쵀 군은 친구들과 좀 더 편하게 얘기를 나누면서 식사를 하기 위해 방으로 들어가자고 했습니다. 그리고 그는 이족향 군의 발 냄새가 그렇게 지독할 거라는 생각은 하지 않았습니다. 그래서 친구들과 함께 방에 들어가자고 주장한 김무쵀 군이 책임져야 할 일은 아무것도 없다는 것이 본 변호사의 주장입니다.

🧑‍⚖️ 원고 측 변론하세요.

👨 김확산 박사를 증인으로 요청합니다.

김확산 박사가 증인석에 앉았다.

👨 발 냄새가 나는 원인은 무엇이죠?

👨 운동을 하거나 오래 걷는다든가 하면 발에 땀이 배여 박테리아 같은 세균이 살기에 좋은 환경이 됩니다. 그때 박테리아와 같은 세균에 의해 발의 각질이 분해되면서 만들어진 발레릭산이라는 화학물이 발 냄새의 원인이 됩니다.

👨 그것이 어떻게 다른 사람들에게 전해지죠?

발레릭산은 공기에 의해 확산되어 주위로 퍼집니다. 그리고 그것이 다른 사람들의 코로 들어가게 되는 거죠.

특별히 뜨거운 방에서는 발 냄새가 더 많이 납니까?

그렇습니다. 발 냄새를 일으키는 분자들은 온도가 올라가면 에너지가 커져 더 빨리 움직이게 되지요. 그러니까 냄새가 더 잘 퍼지게 됩니다. 여름철에 음식쓰레기가 겨울철보다 더 지독한 냄새를 풍기는 것도 같은 이유죠.

그렇습니다. 만일 김무취 군이 우기지만 않았으면 이족향 군이 신발을 벗고 방에 들어가지 않았을 것입니다. 그랬다면 발 냄새가 확산되는 것을 운동화가 막아줄 수 있었을 것입니다. 하지만 김무취 군이 너무 강경하게 우겨서 이족향 군은 어쩔 수 없이 방으로 들어갔고, 이족향 군의 발 냄새에 질린 여학생들이 기겁을 하고 도망쳤습니다. 그리하여 이족향 군은 과 여학생들에게 따돌림을 당했으므로 그 책임은 김무취 군에게 있다는 것이 본 변호사의 주장입니다.

판결합니다. 인간은 누구나 한 가지 이상의 콤플렉스가 있습니다. 이족향 군의 콤플렉스는 발 냄새입니다. 이족향 군과 김무취 군은 같은 과 친구 사이로 족구도 같이하고 목욕도 같이하는 사이이므로 김무취 군이 이족향 군의 지독한 발 냄새를 몰랐을 거라고 생각되지는 않습니다. 그렇다면 여학생들 앞에서, 그것도 이족향 군을 좋아하는 여학생 앞에서 김무취 군이 이족향 군의 콤플렉스를 감춰 주는 것이 친구의 도리라는 생각이 듭니다.

재판 후 김무취 군은 이족향 군에게 진심으로 사과했다. 그리고 이족향 군은 다시 친구들과 열심히 족구를 했다. 그리고 다시 여학생들과 고깃집에 갔다. 이족향 군은 당당하게 방에 들어갔다. 그런데 이제는 발 냄새가 사라졌다. 발 냄새가 퍼지지 않는 약품을 발에 뿌렸던 것이다.

열

    열은 온도가 높은 물체에서 온도가 낮은 물체로 이동하는 에너지입니다. 온도가 높은 물체는 에너지가 높은 상태이고 온도가 낮은 물체는 에너지가 낮은 상태입니다.

    아주 예전에는 사람들이 뜨거운 물체에서 차가운 물체로 열소라고 부르는 눈에 보이지 않는 알갱이가 이동한다고 했지요. 하지만 그것은 사실이 아닙니다. 뜨거운 물체와 차가운 물

열에너지는 뜨거운 물체에서 차가운 물체로 이동합니다.

체를 접촉시키면 뜨거운 물체에서 차가운 물체로 열이라는 에
너지가 전달되어 에너지를 준 뜨거운 물체는 온도가 낮아지고
에너지를 받은 차가운 물체는 온도가 올라가게 됩니다. 이러
한 반응은 두 물체의 온도가 같아질 때까지 계속되는데 이 상
태를 열평형이라고 합니다.

그럼, 왜 열에너지를 받은 물체는 온도가 올라갈까요? 간단
합니다. 온도란 물질을 이루는 분자들의 운동에너지의 평균입
니다.

그러므로 에너지를 받으면 분자들의 운동에너지가 커지게
되지요. 그러니까 물질의 운동에너지가 커지는 것입니다.

비열

똑같은 열에너지를 공급해도 어떤 물질은 빨리 뜨거워지고
어떤 물질은 그렇지 못합니다. 이것은 바로 물질마다 비열이
다르기 때문이지요.

비열이란 물질에 따라 다른데 물질 1g을 1℃올리는 데 필요
한 열에너지를 말합니다. 그러므로 비열이 작은 물질은 비열

이 큰 물질에 비해 같은 열에너지를 공급해도 더 높은 온도로 올라갈 수 있습니다.

비열이 큰 대표적인 물질로는 물을 들 수 있습니다. 물의 비열이 크기 때문에 뜨거운 물은 쉽게 식지 않고 차가운 물은 쉽게 뜨거워지지 않습니다. 바로 물의 비열이 크기 때문에 일어나는 현상 중의 하나가 해풍과 육풍입니다. 여름에는 같은 태양 빛을 받아도 바다보다는 비열이 작은 땅이 더 뜨거워집니다. 그러므로 낮에는 뜨거운 땅 부분의 공기가 위로 올라가 바다 쪽의 공기가 땅 쪽으로 이동하게 되는데, 이것이 바다에서 육지로 부는 해풍이 됩니다. 반대로 밤이 되면 바닷물은 비열이 커서 쉽게 식지 않아 여전히 덥고 땅은 비열이 작아 빨리 식으므로 차가워집니다. 그러므로 바다 쪽의 공기가 위로 올라가 땅 쪽의 공기가 바다 쪽으로 이동하게 됩니다. 그러니까 땅에서 바다로 부는 육풍이 됩니다.

화학과 친해지세요

초등학생과 중학생은 앞으로 우리나라가 21세기 선진국으로 발전하기 위해 필요로 하는 과학 꿈나무들입니다. 그리고 지금과 같은 과학의 시대에 가장 큰 기여를 하게 될 과목이 바로 화학입니다. 하지만 지금의 화학 교육은 직접적인 실험 없이 교과서를 외워 시험을 보는 것이 대부분입니다. 과연 우리 나라에서 노벨 화학상 수상자가 나올 수 있을까 하는 의문이 들 정도로 심각한 상황에 놓여 있습니다.

저는 부족하지만 생활 속의 화학을 학생 여러분들의 눈높이에 맞추고 싶었습니다. 화학은 먼 곳에 있는 것이 아니라 우리 주변에 있으니까요.

이 책을 읽고 화학의 매력에 푹 빠지셨다면 언제든지 제게 물어보세요. 저와 함께 화학에 대한 얘기를 마음껏 나누어 봅시다.